"十四五"普通高等教育本科部委级规划教材

全国课程思政示范课程配套教材

主题公共艺术设计实训

王 鹤 著

U0241544

中国纺织出版社有限公司

内 容 提 要

  《主题公共艺术设计实训》将教育部课程思政示范课程"全球公共艺术设计前沿（翻转）"和天津市课程思政精品课"设计与人文——当代公共艺术"探索中的成功经验，总结为"知行践研 卓新广微 稳变放控 得艰励同"的课程思政体系化建设模式呈现给广大读者，完整地从教学目标、教学理念等方面介绍了疫情防控、建党百年、生态保护、校园文化等训练主题的过程性评价。

  本教材可以使学生迅速提高思想认识与专业水平，帮助全国设计学专业教师快速掌握课程思政建设的合理方法，并运用于自身专业和相应的课程之中，从而助推课程思政在全国范围内普及开来，提升中国高等教育和设计学人才培养质量，更好地解决培养什么人、如何培养人、为谁培养人的问题。

图书在版编目（CIP）数据

主题公共艺术设计实训 / 王鹤著 . -- 北京：中国
纺织出版社有限公司，2023.3
  "十四五"普通高等教育本科部委级规划教材 全国
课程思政示范课程配套教材
  ISBN 978-7-5229-0120-6

  Ⅰ．①主… Ⅱ．①王… Ⅲ．①建筑设计—环境设计—
高等学校—教材 Ⅳ．① TU-856

  中国版本图书馆 CIP 数据核字（2022）第 228388 号

责任编辑：华长印 王思凡 责任校对：王蕙莹
责任印制：王艳丽

中国纺织出版社有限公司出版发行
地址：北京市朝阳区百子湾东里 A407 号楼 邮政编码：100124
销售电话：010—67004422 传真：010—87155801
http://www.c-textilep.com
中国纺织出版社天猫旗舰店
官方微博 http://weibo.com/2119887771
北京华联印刷有限公司印刷 各地新华书店经销
2023 年 3 月第 1 版第 1 次印刷
开本：787×1092 1/16 印张：14
字数：213 千字 定价：79.80 元

凡购本书，如有缺页、倒页、脱页，由本社图书营销中心调换

出版者的话

为深入贯彻落实习近平总书记关于教育的重要论述和全国教育大会精神，贯彻落实中共中央办公厅、国务院办公厅《关于深化新时代学校思想政治理论课改革创新的若干意见》，深入实施《高等学校课程思政建设指导纲要》，中国纺织出版社有限公司根据中华人民共和国教育部教高函〔2021〕7号文件《教育部关于公布课程思政示范项目名单的通知》，面向全国高等院校、职业技术学院等组织规划"全国课程思政示范课程配套教材"，进一步强化课程思政建设主体责任，强化示范引领，健全优质资源共享机制和平台建设，加大支持保障力度，构建国家、地方、高校多层次课程思政建设示范体系，全面推进课程思政高质量建设。

中国纺织出版社有限公司

2023年1月

写在前面

2021年6月10日，教育部在江西省井冈山大学召开课程思政工作推进会，会议深入学习贯彻习近平总书记关于高等教育的最新重要指示批示精神，系统总结《高等学校课程思政建设指导纲要》实施一年来的进展，研究部署下一阶段重点工作，全面推进课程思政高质量建设。

会议公布全国699门课程思政示范课获批名单，天津大学共有两门本科课程和一门研究生课程获批。其中笔者主讲的建筑大类基础课"全球公共艺术设计前沿（翻转）"荣获"课程思政示范课程"称号，本人及团队获得"课程思政教学名师和团队"荣誉。课程建设走过充满艰辛却满含希望的四年，积累了大量一手教学资料，对课程思政认识的理论深度也有了较大提升。此次有幸接受中国纺织出版社有限公司邀约出版课程思政专用教材，希望能将课程实践全景呈现在全国读者面前。

课程思政是近年来国家提出的新方向，在高等教育中要特别强化立德树人，在专业课和通识课中都加入思政的成分，更好地解决培养什么人、如何培养人、为谁培养人这样一个根本性问题。2019年，习近平总书记在召开学校思想政治理论课教师座谈会时提到："我们办中国特色社会主义教育，就是要理直气壮开好思政课。同时，要挖掘其他课程和教学方式中蕴含的思想政治教育资源，实现全员全程全方位育人。"❶教育部为此制定了课程思政建设纲要。在我国，设计学虽属于新兴学科，但是中国优秀的传统设计思想却历久弥新，加入课程思政内容可以激发优秀文化与现代设计的碰撞，既能够提升学生的民族与文化自信，又可以通过设计产物传达时代精神、传播正能量。

如果我们放眼世界，会发现许多国外高校会开设"价值观教育"课程。美国大多数高校的价值观教育包含课程教学、课外实践、校园文化3种路径。在美国罗德岛设计学院的作品展中，经常出现"反对种族歧视"等主题作品。

---

❶ 习近平. 思政课是落实立德树人根本任务的关键课程 [M]. 北京：人民出版社，2020:23.

作品是设计类院校学生表达对外界认知与文化理解的基本渠道。除此之外，研讨会、讲座等也是国内外设计类高校加强学生正确价值观建立的隐形教育方式。比如英国皇家艺术学院师生针对设计师在战胜新型冠状病毒后对社会发展所产生的作用以及环境保护等问题展开讨论，以此来提升学生的社会责任感。

"全球公共艺术设计前沿（翻转）"课程2018年开设，2019年被评为天津大学第一批"课程思政"示范课。课程切实将习近平新时代中国特色社会主义思想深度融入课堂教育教学，树立相对明确的公共艺术发展模式，响应党的十九大号召，倡导简约适度、绿色低碳的生活方式，将生态文明意识与创作学习结合起来，使中国特色的公共艺术建设真正成为生态文明建构的有机组成部分。课程将兼具不同艺术设计专业特征、涵盖范围广、适应性强的公共艺术专业教学融入普通高校公共艺术教育体系，建设形式新颖的艺术设计通识课程，这将充分活跃后者的课程体系，提升学习者的兴趣和综合素质，同时，也可为我国艺术、科技创新人才培养做出贡献。此为本教材的第一出发点，不仅如此，如何将这些一线实践成果与师生体会呈现出来也是值得思考的重要问题，此为本教材的第二出发点。

本教材从以上两点出发，将教育部课程思政示范课"全球公共艺术设计前沿（翻转）"和天津市课程思政精品课"设计与人文——当代公共艺术"两门慕课的课程思政探索中的经验加以总结，形成"知行践研 卓新广微 稳变放控 得艰励同"的课程思政体系化建设模式，集中展现课程建设多年来所取得的成果，包括特殊时期的改革、具体的教学设计、不同种类的专题训练，以供对课程思政感兴趣，特别是供对艺术学科课程思政感兴趣的师生参考，希望能进一步促进课程思政在全国范围内的推广与普及，为我国高校艺术学科立德树人发挥更大作用。

本教材共九章。第一章偏重理论，介绍了在艺术学科建设课程思政的背景，以教育部课程思政示范课"全球公共艺术设计前沿（翻转）"的建设为例，结合课程思政体系化建设方法的实践，从教师、课程、教学评价和学生获得感4个方面集中进行改革，充分发挥在线教学新媒介，将思政课程影响向专业课和通识课延伸，取得了显著的成效。

第二章和第三章注重介绍课程训练基础知识，即8种有助于降低成本、减少工时的公共艺术设计创新方法，学习者可以在中国大学慕课平台和智慧树平台看到全部学习视频。第二章侧重于从案例跟踪入手。第三章侧重于设计要点和学习范例，以实现价值、知识和技能三者合一的目标。

从第四章开始，教材着重展现课程最新成果。2020—2021年度，教育部课程思政示范课程"全球公共艺术设计前沿（翻转）"共设置10个期末训练选题：建党百年与红色之旅、抗击疫情与公共卫生、校园文化与精神传承、扶贫助学与乡村振兴、中国气象与传统文化、循环经济与垃圾分类、海洋文化与一带一路、智能终端与技术反思、碳中和与能源新业态、生态文明与动物保护。全部训练课题一一展现超出教材篇幅，因此分为3个层级加以展示，第四章和第五章完整地从教学目标、教学理念、教学内容、教学评价4个方面介绍了疫情防控和建党百年两个主要课题示例。第六、七、八三章系统阐述了动物保护、校园文化、人文主题、传统文化等训练，主要呈现训练过程和成果。第九章进一步简化辅导过程，直接呈现训练成果与简评，并集中呈现多个社会热点主题作品，通过社会评价来实现教学成果检验。

课程在长期专业训练与体系化课程思政建设方法的基础上，摸索出了成熟的设计学课程思政教学方法及其对应的各个流程。在教学中可以用于帮助同学们迅速提高水平，也可以帮助全国设计学专业教师快速掌握课程思政建设的合理方法，并运用于自身专业和相应的课程中，从而助推在全国范围内普及开来。希望通过本教材能为提升中国高等教育和设计学人才培养质量增砖添瓦，能更好地解决培养什么人、如何培养人和为谁培养人的问题，助力中华民族的伟大复兴。

目录

4

第四章

专题训练介绍——抗击疫情与公共卫生设计

5

第五章

专题训练介绍——庆祝建党百年公共艺术设计

第六章

训练流程解析——生态与人文关怀主题

第一章

课程思政体系化建设方法示例

本章立足"设计与人文——当代公共艺术""全球公共艺术设计前沿（翻转）"课程群的建设，阐述通识课程和专业课程如何适应课程思政的要求，在教学目标设定、教学内容设计等方面融入课程思政内容，做出根本性的改动与创新，发挥在线教学新媒介以及辅助课堂的作用，将思政课影响向专业课延伸，发挥学科教师的责任意识，探索出一套"知行践研　卓新广微　稳变放控　得艰励同"课程思政体系化建设模式，供专业院校师生参考，为艺术学科和我国高等教育领域课程思政建设探索提供借鉴。

"知行践研　卓新广微　稳变放控　得艰励同"课程思政体系化建设模式重点针对当前部分课程思政建设实践只重案例插入，忽视整体改革；或增加讲授内容，与"以学生为中心"的教学改革大方向背道而驰的现象，强调从"关键在教师、基础在课程、重心在思政、成效在学生"四个角度进行体系化建设。即课程思政要取得成效，关键在教师。

第一节
知行践研——课程思政教师应知行合一、践研不悖

从目前的理论和实践来看，教师在课程思政建设中的角色无人能够代替，要想达到好的体系化建设效果，课程思政教师应做到知、行、践、研四个方面。

一、知政策方针

在许多专业课教师眼中，"思政"就是"政治"，然而并非如此。对课程思政中"思政"的认知不能狭义地与政治或马克思列宁主义联系在一起。课程思政主讲教师要知理论、知政策、知历史、知学生，要加强理论学习，强化自身党性修养，能够深入掌握并熟练运用唯物论、辩证法等马克思主义基本原理，对党和国家在经济、社会建设等领域的新方针政策有一定了解并保持终身学习。此外，党的十九大报告中明确指出要坚定文化自信，推动社会主义文化繁荣兴盛。因此，教师要建立文化自信，对中国历史和中华传统文化有一定掌握，传承中华优秀传统文化，推陈出新。以笔者为例，常年订阅人民日报、光明日报、天津日报等报刊，走访调研过狼牙山、平型关、冉庄、哈达铺等爱国主义教育基地，在天津大学教学科研等项目工作中，能够坚决贯彻党的教育方针，将培养爱党爱国的年轻学子放在首位，只要组织安排，便无条件勇挑重任。

二、行祖国河山

课程思政教师要积极走出学校，了解国情，在行走祖国河山的过程中深化对祖国的热爱，将对国情的了解转化为课程思政的鲜活内容。2019年7月，笔者按照天津大学建筑学院党委与中国教育工会天津大学委员会部署，赴国家级贫困县甘肃省宕昌县科普宣讲，扶贫控辍。笔者担起赴最偏远乡镇宣讲

的任务，一路克服路途险峻、泥石流频仍、山体落石等困难，义无反顾地先后驱车上千公里，为宕昌县兴化、城关、竹院、官亭、狮子乡等九年制学校学生宣讲"中国传统文化与公共艺术设计"。同时带去多部自己撰写的教材送给学生，受到当地学生的热烈欢迎。笔者在教学内容中特意穿插了自己以往在甘肃历史文化遗址调研的经历，使学生增加了民族自豪感，明显提升了对中华文化的认知水平。新华社记者在《新华视界》等媒体平台刊发"天津大学助力西北山区教育扶贫""天津大学教师团赴宕昌开展科普教育宣讲"等专题报道；天津津云新闻记者刊发"'不走的支教队'为山里孩子打开通往世界的'梦想之窗'"等专题报道，为公众，特别是大学生关注贫困山区教育扶贫做出了贡献。

三、实践社会所需

教育是教师的"教"与学生的"学"相结合的实践活动，强调其在实施中的实践意义。在课堂教学中多将学习分为两种，一种是理论知识的学习，另一种是实践活动的实施。课程思政教师应努力加强自身建设，始终以"不忘初心、牢记使命"为中心思想并付诸教学实践，培养学生坚持爱国、爱党与爱社会主义相统一。理论要转化为现实，观念的东西要转变为物质的东西，必然要通过对实践的指导来实现。教师要坚持调研与服务社会相结合，把文章写在祖国大地上，利用自身专长积极服务社会，一方面通过实践验证理论，另一方面也是直接为社会服务。此外，教师应通过新的实践，丰富和发展原来的理论，总结出新的内容，实现理论的与时俱进。

四、研中国话语

课程思政教师的研究方向应该与教学的大方向保持一致，能够做到研中国故事、中国话语、中外交流和中国气象。2014年，笔者经过长期调研撰写的调研报告《城市雕塑如何塑造城市灵魂》在《光明日报》整版发表，为城市建设的相关工作人员提供了参考。在光明日报出版社出版的专著《纪念性雕塑的主题选择、表现手段及寿命问题》，受教育部《高校社科文库》资助出版，于2016年获天津市第十四届社会科学优秀成果奖三等奖，在中外比较研究的基础上为中国红色雕塑建设提供了理论支撑。这都是体现课程思政教师如何用自己的研究为教学补充养分，做到"接地气"的实际例子。

五、教师角色经验总结

综上所述，课程思政教师应努力加强自身思想与专业建设，始终以"不忘初心、牢记使命"为中心思想付诸教学实践，培养学生爱党爱国情怀。自己要坚持调研与服务社会，把文章写在祖国大地上，做到知行合一，践研不悖。这是从教师出发，开展艺术学课程思政的有力起点，也是必要基础。

第二节
卓新广微——课程思政依托课程应卓而弥新、广且精微

课程思政建设的基础在课程。通过实践反馈可以看出，课程原有基础越好，课程思政建设效果就越理想。反过来，只有原有基础好的课程，才应该是开展课程思政建设的先锋与龙头。在好的课堂教授基础上，再开展基于数字化工具的各类教学创新，"卓尔不群"和"历久弥新"相融合即卓而弥新。同时，课程应该提供尽可能丰富的教学资源，为学习者提供多样化选择，在此基础上立足个性化培养，这正是《中庸》中提出的"致广大，尽精微"，即广且精微。

一、卓课堂教授

无论教学形式如何变化，教育信息化技术如何飞速发展，以教师语言组织、教姿教态为代表的课堂授课水平与效果，始终是课程思政建设效果的基本保证，这就需要主讲教师加强教学基本功训练。以"设计与人文——当代

图1-1 "设计与人文——当代公共艺术"课程在超星尔雅平台上的界面

公共艺术"课程为例，2017年主讲教师抽取课程章节参赛，获得天津大学第十一届青年教师讲课大赛一等奖（文科组第一名）和天津市第十四届高校青年教师教学竞赛校内选拔赛一等奖。从2018年开始，主讲教师每年为天津大学全体新入职教师做两次岗前培训示范课，并多次开放校内外课程观摩。改革后的课堂授课效果得到观摩师生与推广院校的充分肯定（图1-1）。

二、新教学手段

课程思政建设对于教师和学生提出了更高要求，因此更需要借助慕课、混合式慕课和混合式学习创新课程思政建设途径。"设计与人文——当代公共艺术"和"全球公共艺术设计前沿"分别在3个平台上线，供包括东南大学、兰州大学、中南大学等全国多所院校，8万余人选课。同时在移动互联背景下，课程团队与主讲教师充分发挥教育信息化技术的最新成果，全程使用智慧教学工具推进课程思政教学。首先，课上广泛使用知到APP等翻转课堂工具，活用位置签到、随机点名和互动抢答等教学形式；其次，利用中国大学慕课平台进行章测试、讨论等，获取精确学情分析；还可上传课程资料，并利用投票决定设计选题。这得到学生高度认可，课程思政建设目标得到更好地贯彻（图1-2）。

图1-2 "全球公共艺术设计前沿"课程首页

三、广教学资源

课程思政建设要通过扎实、厚实的教学资源建设提升教学效果。在慕课建设如火如荼的背景下，丰富的在线教学资源成为课程思政教学创新的重要基础。在这方面，"设计与人文——当代公共艺术"课程在超星尔雅平台上线，"全球公共艺术设计前沿"课程在中国大学慕课和智慧树平台上线，总视频时长超过2000分钟。在教材建设方面，课程开设至本书截稿前共出版11部配套教材，其中课程第8、9部配套教材《生态公共艺术》和《植物仿生型公共艺术》是课程思政专用配套教材。多部教材之间互为补充，可以通过不同组合适应特定学习者和院校的需求。学习者在平台上可以阅读电子版，购买纸质版的读者可以通过扫描二维码观看视频。总体来看，充裕的在线视频、纸质教材等教学资源，能够大幅提升教学效率，这为课程思政体系化建设和相应教学创新提供了重要基础。在此基础上，主讲教师和课程团队还进一步通过3项教改课题与18篇教改论文深入发掘课程思政内涵，探索教学方法创新，致力于通过实证研究解决暴露出的实际问题（图1-3～图1-5）。

图1-3 "全球公共艺术设计前沿"课程在中国大学慕课上的学习界面

图1-4 "全球公共艺术设计前沿"课程在天津大学直播教室的见面课，向全国选课院校直播

图1-5 "全球公共艺术设计前沿（翻转）"课程获批天津大学"课程思政"示范课

四、微个性培养

课程充分借助教育信息化手段，充分利用师生碎片化时间，实现个性化精细培养。因材施教是一种历史悠久的，根据学生个体差异开展的教学方法。中华先贤早就对此有过丰富的实践。《论语·先进第十一》记载，子路问："闻斯行诸？"子曰："有父兄在，如之何其闻斯行之？"冉有问："闻斯行诸？"子曰："闻斯行之。"教师要根据学生不同的个人情况，进行有差别的有针对性的教学，从而使每个学生都能够扬长避短，获得最好的发展。因此，一人一方案，一对一培养和广泛采用的"一分钟讨论法"是课程个性化培养的主要做法。越是课程思政建设，越要避免走"满堂灌"的老路，越要结合学生个性、理解力和兴趣点加以培养，从而达到最理想的效果。

五、课程地位经验总结

综上所述，课程思政的基础在课程。只有教学设计科学、课堂授课水平高的好课，才是推进课程思政的重要基础。

首先，课程思政建设途径因课而异，要将专业目标与思政目标有机无缝结合，避免生硬嵌入，从而提升教学效果。还要注意目标明确，不在一门课上赋予太多目标，不同的课程思政目标应当通过建设不同的课程来实现。

其次，要积极探索教学创新，课程思政带来了更高的教学目标和更多的教学内容，因此更要用最新的教育信息化技术助力课程思政建设，既要做到全员育人，又要引领教学前沿。

再次，广泛积累教学资源，为学生提供丰富选择，注意二维码等形式的资源传播途径转换，并监督效果，保证建为用，用为学。

最后，不同学生的个性、学习能力都不同，课程思政更要注意个性化教学。

做到上述4点，课程建设就能实现卓而弥新，广而精微，即卓新广微（图1-6、图1-7）。

图1-6　2019年10月出版的课程思政配套
教材《生态公共艺术》

图1-7　2019年10月出版的课程思政配
套教材《植物仿生公共艺术》

第三节
稳变放控——思政融入应做到稳中有变、放中带控

　　课程思政的重心在思政。如何在课程中融入思政内容，目前有各级课程思政示范课相应文件和教育部颁发的《高等学校课程思政建设指导纲要》可循。根据相应原则，"设计与人文——当代公共艺术"和"全球公共艺术设计前沿（翻转）"两门课程运行中，主讲教师和课程团队提出了稳教学方向、变教学内容、放教学评价、控教学过程，思政方向、内容、评价稳中有变，放中带控，经实践取得良好效果。

一、稳——稳教学方向

　　稳教学方向，即根据国家政策和需求，结合自身调查研究，把稳课程思政教学方向。

图1-8　传统文化训练专题：计楠君　法学　《太极》

"设计与人文——当代公共艺术"课程设计之初旨在培养学生的艺术素养，充分利用现代化教学工具的强大影响力，提高全体学生的艺术创造能力。2019年按照"课程思政"建设的相关要求，在教学目标设定、教学内容设计等方面融入课程思政内容，大幅度改动与创新，发挥在线教学新媒介以及辅助课堂的作用，将思政课影响向专业课延伸。在传播专业知识的同时，课程将宣传党的十九大精神为己任，坚持以习近平新时代中国特色社会主义思想为指导，帮助学生学会更加客观、全面地运用唯物辩证法的观点看待问题，提升全面素养（图1-8~图1-10）。

同时，在主讲教师转化科研成果为教学内容时，科研成果的学术性和思想政治水平应当得到国家和省部级评审机构与专家评委的认可。"设计与人文——当代公共艺术课程"主讲教师成果

图1-9　传统文化训练专题：田宇
通信工程　《厚德载物》

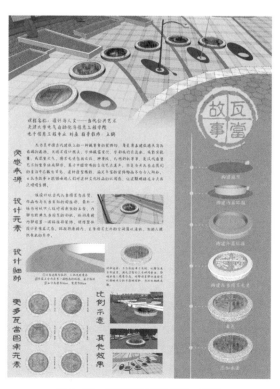

图1-10　传统文化训练专题：刘丞
电子信息工程　《瓦当故事》

连续获得天津市社科优秀成果一等奖一次、三等奖三次，主要教学内容均获得认可，为把稳课程思政教学方向奠定了基础。

二、变——教学内容

变教学内容，即根据统一部署与新教学目标，更新全套教学内容，并不断保持更新。

两门课程的主讲教师和课程团队在课程思政建设中，时刻注意将最新科研成果转化为教学内容，近5年发表60余篇论文（含教学论文），第一时间介绍公共艺术教学科研新成果。如"全球公共艺术设计前沿（翻转）"的教学内容完全来自国家社科基金后期资助项目"世界范围公共艺术最新发展趋势研究"的成果，教学内容经过全国哲学社会科学工作办公室及评审专家的认可，并体现最新学科前沿成果。

众所周知，教学内容在课程设计中就是一个整体，一旦有变革就会牵一发而动全身，因此设计课程一定要坚定信念，拿出壮士断腕的勇气，去掉无法或很难与课程思政融合的内容。在教学内容中，此两门课程都增加了保护生态环境、弘扬传统文化、提高创新意识等知识点。通过线上线下学生的反馈可明显看出，学生不再是单纯关注或询问公共艺术设计的专业问题，而是学会了以当前大环境为前提去思考问题，将国家生态文明建设和传统文化复兴发展想得更加长远（图1-11、图1-12）。

图1-11　传统文化训练专题：吴限　建筑学　《老去的算盘》1

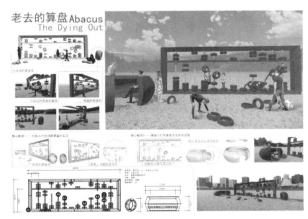

图1-12　传统文化训练专题：吴限　建筑学　《老去的算盘》2

三、放——放教学评价

在课程思政建设中，两门课程始终根据国家政策和形势变化，灵活调整教学评价的主题与方式方法。比如2014~2016年，

图1-13 传统文化训练专题：王旭 工业设计 《剪纸故事》1

图1-14 传统文化训练专题：王旭 工业设计 《剪纸故事》2

图1-15 主讲教师与学生一对一讨论辅导

进行生态公共艺术设计训练的同学往往以防雾霾作为主要出发点，但近年来随着国家加大力量治霾，广泛进行"煤改气"，空气质量问题大为改善，蓝天次数越来越多，雾霾就不再是学生训练中的主要问题。老师开始引领同学们将训练转向垃圾分类、塑料垃圾回收利用等国家当前面临的主要环保问题。同时还根据国家政策导向，秉承"人类命运共同体"价值观，放眼全人类环保问题。结合国家需求，探索一带一路沿线国家共通的环境问题等，取得了显著进展。实践证明，开放多元的教学评价，对于课程思政"润物细无声"的发展至关重要（图1-13、图1-14）。

四、控——控教学过程

教学评价的"放"，即在鼓励学生大胆创新，但积极探索绝不意味着放任自流。恰恰相反，越是课程思政建设，教师越要严格把控学习过程，帮助学生在学习过程中实现主题升华，同时完成个人价值塑造。为此，两门课的主讲教师和课程团队每学期线上邮件指导上千封，教学工具群聊和平台讨论区答复都在上千条。同时，通过课程独特的"一分钟讨论法"，保持师生一对一讨论（线上、线下），严格过程管理，保证学生作业主题正确以及学习过程的理想状态（图1-15）。

五、思政融入经验总结

课程思政的重心在思政。课程思政课程的主讲教师和课程内容要牢牢贯彻党的十九大精神，坚定中国共产党的领导，帮助同学们了解他们在新时代的新角色和新使命，鼓励学生在实践创造中进行文化创造，在历史进步中实现文化进步。课程中的思政目标、内容、评价与过程要既坚持原则，又鼓励创新，从而实现稳中求变、放中有控。

第四节
学生——应做到得之惟艰、励在大同

课程思政的成效在学生。近年来，我国许多高校兴起的以学生"自由选题、自主探究和自由创造"为宗旨的"研究型"教学形式，注重突出学生在学习、研究和探索中的主体地位。课程思政更要树立"以学生为中心"的人才培养理念，改变传统教学模式，实现高效课堂、深度学习。在具体的学习过程中，应该让学生得学习成果，即学习有成效。艰学习过程，即学习过程有挑战度，故命名为得之惟艰。励学习典范，即有合理的激励机制。同学习体会，即注重学生学习体会的收集、整理、即时分享，以帮助学生在学习过程中反馈并不断修正而实现最优化。

一、得——得学习成果

让学生有获得感，是区分金课和水课的重要标准。两门课的主讲教师和课程团队在探索"以学生为中心"的教学改革中，始终秉承成果导向，由关注如何教转向关注学生如何学，通过把课堂还给学生，让学生成为学习活动的主体，众多同学能在见面课上汇报、讨论，广泛运用慕课平台、课堂工具，开展生生互助、生生互评、生生互答活动。同时，课程秉承成果导向，让学生有创作的收获感和成就感。课程在这方面的探索，于2018年获得第二届卓

图1-16　主讲教师获第二届卓越大学联盟高校青年教师教学创新大赛一等奖

越联盟青年教师教学创新大赛一等奖（复赛全国第一名）的成绩，得到众多国家教学名师评委的认可（图1-16）。

二、艰——艰学习过程

当前对于金课的评价标准中很重要的一点就是挑战度，即老师和学生都要"跳一跳才够得到"。因此，课程思政与教学创新紧密结合，要对学生提出较高的学习要求。两门课程的学习对于艺术设计零基础的各专业同学提出了挑战，从新颖的混合式慕课学习方式，到结合自身专业的设计方法，再到根据课程推荐自学多种软件以及最终的图纸表达和汇报，学习过程紧张活泼，互动性强，给学生们留下了深刻印象（图1-17）。

图1-17　生讲师评

三、励——励学习典范

课程思政建设应当引入有效的激励机制。一方面，借助课堂工具，结合见面课表现分提升主动学习者的成绩；另一方面引入社会激励机制。社会激励机制这种做法已经经过课程多年实践，在两门课程中仅2021年就有47位同学作业获金、银、铜奖和专项奖，170余份同学作业在教材、教改论文中得以出版或发表。社会激励机制能提升学生学习积极性，带给学生更多获得感。

四、同——同学习体会

课程注重班级凝聚力打造和学生反馈。主讲教师只要条件允许，每学期都会与同学们合影。同学们课上有广泛的分享机会，还可以通过邮件、平台留言等途径畅谈学习收获与体会，主讲教师也以此作为进一步改进的依据。每学期期末最后一课作为课程建设成果汇报，与第一节课的导学相对应，有始有终，得到各级学生积极响应。

五、学生收获经验总结

《尚书·说命中》有言："知之非艰，行之惟艰。"这正是学生学习成效和学习过程"得之惟艰"的出处。学习典范奖励与学习体会分享的作用"励在大同"则来自"功在当代，利在千秋"和"美美与共，天下大同"的结合。这就是课程思政，学生应做到得之惟艰、励在大同。

在长期课程思政实践中摸索出的"知行合一，践研不悖；卓而弥新，广而精微；稳中求变，放中有控；得之惟艰，励在大同"体系化建设方法，可以适用于其他学科的专业课程，并已经在推广中取得一定进展。首先是天津大学校内，从2018年开始，两门课的主讲教师每年为天津大学全体新入职教师做岗前培训示范课，介绍课程思政。2019年受天津大学教务处与马克思主义学院邀请，在求是名师讲堂上为全体天津大学"课程思政"示范课立项教师做"人文社科课程思政建设经验分享"的讲座。在2019年11月"教学观摩月"中，为全校上百名教师做两堂课程思政示范课。2019年11月赴河北省混合式金课研讨会等多处宣讲课程思政建设。2022年获天津大学教学成果一等奖、天津市第二届教师教学创新大赛一等奖等（图1-18~图1-20）。

图1-18　教学观摩月中，"设计与人文——当代公共艺术"课程先后两次迎来上百位校内教师观摩

图1-19　观摩教师反响热烈　　　　　　　图1-20　在求是名师讲堂作为校内教师代表
　　　　　　　　　　　　　　　　　　　　　　　　做课程思政建设汇报

第二章

课程思政示范课简介与历史沿革

目前，"全球公共艺术设计前沿（翻转）"课程主要面向建筑学、城乡规划、风景园林专业本科生。主要通过宏观和微观教学目标的分置、教学评价手段的多样化以及不同教材和丰富课后资源的灵活搭配组合来满足大类招生背景下，一年级建筑大类本科生以及课程其他学习者的不同需求。通过智慧树平台视频自学和6次见面课来实现24学时的模块化学习。本章重点介绍"全球公共艺术设计前沿（翻转）"课程的建设背景、课程基本情况、科研成果转化过程以及课程在线建设情况。

第一节
课程建设背景

"全球公共艺术设计前沿（翻转）"课程的建设背景有两方面，一是作为课程对象的公共艺术在世界范围内飞速发展，这种课程特点要求教师和团队必须对教学内容进行不断更新；二是从主讲教师所在天津大学对在线开放课程愈发重视，并出台了一系列建设扶持措施，使课程得以以超常规的速度建设成功并上线运行，并不断建设取得今天的成果（图2-1）。

图2-1　"全球公共艺术设计前沿翻转"课程

一、宏观背景

公共艺术作为一种兴起于20世纪70年代的新兴艺术形态，发挥着传统意义上城市地标、环境雕塑的作用，在活跃城市人文氛围、繁荣旅游及文创产业发展方面日益重要。而世界范围内公共艺术发展日新月异，特别是进入2010年以后，在移动互联、新材料、基于文化创意转型的城市再生等大背景下，像素化、植物仿生等新兴公共艺术形式异军突起。同时，公共艺术本身作为动态的实践，其形态与边界也一直在不断演化与拓展中，这对公众以及学习者认识和借鉴公共艺术精髓产生困难。因此，在与智慧树平台合作转化为混合式慕课的过程中，主讲教师重点选取了自身主持的国家社科基金艺术学后期资助项目"世界范围公共艺术最新发展趋势研究"的"设计创新篇"进行转换，以实现科研反哺教学的初衷。本课程着重介绍的8种主要公共艺术设计创新类型，集中反映了世界各国近年来在此领域不断探索并借鉴最新科技的成果，使公共艺术成为跟上时代步伐，拓展创意思维的一面明镜。同时，中国公共艺术从20世纪90年代末也开始加速发展，取得了巨大成就，当然仍有巨大发展空间，深化对全球公共艺术设计前沿的跟踪，能够有效促进中国公共艺术对世界先进思想、技术的借鉴，加速赶超（图2-2）。

图2-2 "全球公共艺术设计前沿"课程发布会

自主科研成果经过转换后，以"全球公共艺术设计前沿"课程上线，既保留了科研的规范性与前沿性，又显得平易近人，有助于在大规模在线课程时代吸引更多的学习者，扩展社会效应。并为大量美术院校、设计院校的公共艺术专业提供支持，以促进中国今后一段时间公共艺术设计的水平提升。

最后还需要看到，公共艺术创作与设计是培养公民成熟公共意识与发达设计文化的重要手段，而后两者正是构建现代公民社会与创意经济时代的关键要素。以当代大学生为教学对象开展的美育教育，介绍世界公共艺术前沿进展情况，能够有效提升中国青年人的公共空间审美意识与批评力，有助于营造高素质公民组成的现代社会。紧跟前沿，放眼世界，立足中国，通专融合，这就是"全球公共艺术设计前沿"课程建设的宏观背景。

二、校内背景

"全球公共艺术设计前沿"课程的建设契机同时始于教育部在慕课领域的大力发展。教育部提出了"双万"计划，计划5年内建设包括在线开放课程、线上线下混合式课程、线下课程在内的一万门国家课程。2018年开始在线开放课的第一轮评选，全国众多高校，特别是在这一轮在线开放课评选中落后的院校纷纷加快步伐。天津大学也于2017年10月抓紧推动天津大学在线开放课的评选工作，以培养培育一批有竞争力的课程。由于当时笔者主持的"设计与人文——当代公共艺术"课程已经在尔雅平台上线并运行，因此主讲教师与智慧树、天津大学教务处商议另开一门新课。

通过了解智慧树平台的架构和运行方式，结合前期研究中对慕课时代大学生学习要求与学习模式的掌握，决定基于慕课特点，以主讲教师2017年获批国家社会科学基金艺术学后期资助项目的成果为基础，将其转化为教学内容，直接将最新、最前沿的研究成果向全国范围推广。

这是"全球公共艺术设计前沿"课程建设的校内背景，也是课程能够得到校方高度重视，得以在较短时间上线的主要原因（图2-3、图2-4）。

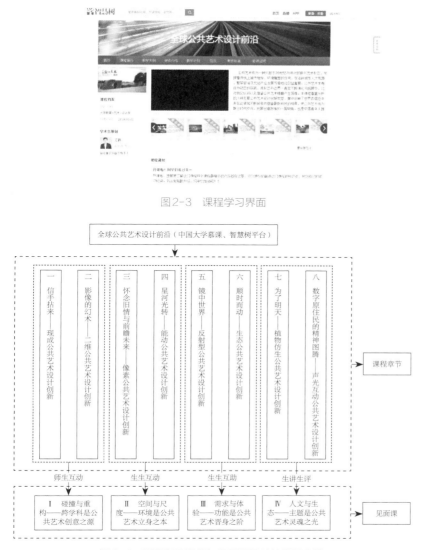

图2-3　课程学习界面

图2-4　课程学习视频与见面课相关关系示意图

第二节
作为在线开放课

　　"全球公共艺术设计前沿"课程最初的课程性质为全校性选修课和网络通识课，力求通过该课程的教学，使学生了解2010年后全球公共艺术的最新前沿发展，从而提升不同专业大学生的审美水平、艺术创意思维、公共意识与人文关怀等多方面能力与综合素养，同时也能满足公共艺术专业及相关专业学生欣赏与训练的需求。

一、课程目标

该课程具体要求学生达到以下4点学习目标：

1. 深度提升审美素养

让学习者全面了解公共艺术的概念，在对公共艺术案例的鉴赏中提升关于现代艺术、设计的审美水平与公共空间审美意识。

2. 全面拓展知识范围

使学习者既掌握世界公共艺术经典名作，又了解该领域最新进展，保持对新理念、新材料、新工艺、新技术的敏锐感知，实现传统上需要海量时间阅读才能拓展的知识储备。

3. 灵活掌握创意设计

使学习者能够灵活学习掌握公共艺术设计的方法、要素和主题，在趣味实践中加深对公共艺术概念的认知，提升至关重要的创意设计意识。

4. 合理把握鉴赏意识

通过学习，掌握公共艺术个案分析的正确批评方法，能够对公共艺术作品的生态特征、美学价值、宜居程度进行合理适度的鉴赏与评价。

二、教学方法

考虑到课程特点以及慕课特征，课程主要运用以下5种教学方法：

1. 对比教学法

公共艺术范围广泛，因此重点通过与雕塑、设施、建筑、景观等相关艺术门类对比，帮助学习者深化对公共艺术概念的认知。

2. 案例教学法

公共艺术是一门动态中的实践艺术，通过大量最新案例的深度细致解读，帮助学习者了解世界各国近年来在此领域不断探索的最新成果。

3. 实践教学法

公共艺术创作方法简单易学，课程通过轻松诙谐的现成品运用等途径，鼓励学习者大胆尝试创意设计，表达自己的主张，了解设计流程。

4. 线上与线下混合教学法

线上主要为视频观看、分组线上讨论以及其他教学资源学习。线下为知识拓展、思路启发、现场答疑等。

5. 头脑风暴法

以小组为单位，针对训练课题开展头脑风暴，集体讨论概念与设计方法，打破学科壁垒，充分体现发散性思维的灵活性与多样性（图2-5、图2-6）。

图2-5 主讲教师界面

图2-6 "全球公共艺术设计前沿"见面课场景，面向全国直播

第三节
作为建筑大类基础课

如前所述，公共艺术是当前世界范围集中体现建筑、艺术、技术、人文前沿知识的艺术形式，因此公共艺术教学的发展注定与建筑以及相关学科紧密结合。2020年开始，根据建筑学大类招生的招生改革总体目标，"全球公共艺术设计前沿"课程又主要面向天津大学建筑学院建筑学、城乡规划、风景园林专业一年级本科生的学科基础课开设。课程在设计之初就保留了适应不同教学目标的框架开放性，因此通过教学目标分置、突出见面课作用等实现这一阶段的目标。

一、教学目标分置

这一阶段，课程主要着眼于大类招生改革后培养以建筑学为主的高端创新人才而建设，综合学时改革等因素，通专融合，将原有设计课中创意、构成、设计史等重要设计基础内容重新整合，以满足建筑学、城乡规划、风景园林专业一年级同学对艺术创意思维、创意设计能力提升的实际需求。

改革后的该课程主要通过宏观和微观教学目标的分置、教学评价手段的多样化，以及不同教材和丰富课后资源的灵活搭配组合来满足大类招生背景下，一年级建筑学本科生学习者以及课程其他学习者的不同需求。课程中介绍世界公共艺术前沿进展，能够有效提升学生的公共空间审美意识与批评力，使学生在学期间就形成深厚的人文素养与审美素养，在走上工作岗位后能够立足国情，于设计实践中贯穿艺术审美与人文关怀，并与艺术家更好协作。该课程采用混合式慕课教学，在校内以智慧树平台提供服务，学生观看视频和见面课讲授结合的翻转课堂方式开展。在中国大学慕课平台上以在线开放课形式向全社会开放（图2-7~图2-9）。

优秀成果展示

图纸表达：9分

其次是对SU的自学，渲染工具是enscape，植被使用了3D Tree Maker插件制作。最后，为了制作太阳能板还运用了Skelion插件，但最后没有达到作者理想的效果。

图2-7　优秀作业讲解

图2-8　训练成果展示

图2-9　像素化公共艺术章节

二、突出见面课灵活性

该课程的一个显著特点是"前沿"，几乎所有案例都集中于2010年后，重点跟踪在移动互联、新材料、基于文化创意转型的城市再生等大背景下，像素化、植物仿生等异军突起的新兴公共艺术形式。其包括现成品公共艺术设计、二维公共艺术设计创新、像素化公共艺术设计创新、能动公共艺术设计创新、生态公共艺术设计创新、反射型公共艺术设计创新、植物仿生公共艺术设计创新、声光电互动公共艺术设计创新8个主要视频部分。课程的专业程度重点通过每学期面授的4次共360分钟的见面课体现出来，见面课程分别是"碰撞与重构——跨学科是公共艺术创意之源""空间与尺度——环境是公共艺术立身之本""需求与体验——功能是公共艺术晋身之阶""人文与生态——主题是公共艺术灵魂之光"。4次见面课围绕着一个完整的公共艺术创意设计方案设计过程展开，配合学期末评图，可以使学生重点了解全球公共艺术的最新前沿发展，提升审美修养、艺术创意思维、公共意识与人文关怀等多方面能力与综合素养（图2-10、图2-11）。

教育部课程思政优秀示范课"全球公共艺术设计前沿(翻转)"

一、建党百年与红色之旅

天津大学 王鹤

图2-10 "建党百年与红色之旅"训练专题

教育部课程思政优秀示范课"全球公共艺术设计前沿"（翻转）
期末课程训练方向（上）

四、扶贫助学与乡村振兴

天津大学 王鹤

图2-11 "扶贫助学与乡村振兴"训练专题

三、与慕课紧密结合

作为建筑大类课程后，该课程依然与慕课紧密结合。与进行慕课建设的传统课程相比，"全球公共艺术设计前沿"课程是在主讲教师长期慕课教学实践基础上，立足最新科研成果，根据在线开放教育特点全新设计的，教学内容模块化，突出视频制作的系统理论，见面课与视频无缝结合，教材电子化与视频相互融通，从而避免传统课程慕课化后的种种不适应。目前，作为学分课的智慧树平台3个运行学期选课人数近7000人，包括中南大学、东南大学、兰州大学等近百所院校选课并跨校互动（图2-12~图2-14）。

图2-12　直播间视角的"全球公共艺术设计前沿"见面课

图2-13　主讲教师通过知到教师端掌
握见面课前学情

图2-14　知到教师端会时时向主讲教
师呈现见面课进度并加以提醒

第三章

公共艺术创新设计与训练范例

3

　　"全球公共艺术设计前沿（翻转）"课程主要针对公共艺术中相对于其他艺术形式更为新颖的造型方式，以与公众互动方式展开，并聚焦于2010年以后飞速发展的新兴公共艺术。其分为8种主要形式：现成品公共艺术创新、二维公共艺术创新、像素化公共艺术创新、能动公共艺术创新、反射公共艺术创新、生态公共艺术创新、植物仿生公共艺术创新和声光互动公共艺术创新。其中现成品、二维和像素化公共艺术都属于设计方法范畴，像素化公共艺术更是作为近年来崛起的新兴艺术形式，超过构成公共艺术成为研究重点。能动和反射公共艺术则是重要的公共艺术要素，近年来也体现出电动逐渐超越风动，程控逐渐超越自然力控制的趋势。植物仿生公共艺术特指尽可能模仿植物外观和组织结构，普遍具有遮阳、发电、标识等实用功能，体现生态、低碳特征的公共艺术形式。声光电互动公共艺术则综合利用多种手段实现与观众互动。本章介绍的8种形式的公共艺术相关内容，都可以与中国大学慕课平台和智慧树平台课程视频资源一一对应，便于学习。

　　本章将从公共艺术设计创新的本质入手，即如何运用更低的成本，更少的占地，实现所要表达的主题。在提供优美形式的同时，还能为公共环境提供更多、更便利的功能，这是当代公共艺术设计创新的精髓。本章将通过8节分类介绍每一种公共艺术创新形式重要的案例鉴赏和需要注意的设计要点，并附上一份高年级同学的作业作为范例。

现成品公共艺术鉴赏、设计要点与范例

现成品的使用是当代公共艺术与传统雕塑区别极为显著的设计方法之一。20世纪60年代起，以克拉斯·奥登伯格（Claes Oldenburg）为代表的美国波普艺术家在公共空间中将复制现成品的公共艺术创作方法发扬光大，在很大程度上奠定了这一领域的原则、规律。2010年以后，围绕现成品公共艺术的形式探索与创新仍在继续，呈现出诸多显著的发展趋势。

一、现成品公共艺术鉴赏

1. 结构框架化以见缝插针——《克鲁索的伞》[1]

1979年，由现成品艺术大师奥登伯格为美国爱荷华州州府得梅因市市政中心广场创作的作品《克鲁索的伞》将公共艺术创作方式的创新发挥到了一个新的高度。

得梅因市人口虽然不多，但保险业十分发达，在爱荷华州有着重要地位。得梅因市市政中心在规划和广场设计时并没有考虑艺术作品，作品后来放置地点的初始设计完全是树木。奥登伯格发现委托创作作品的市政中心地形酷似海中的岛屿，并与鲁宾逊的故事结合，挑选广场合适的地点放置作品。因此，就选址而言，《克鲁索的伞》是一个经典的公共艺术策划案例，充分体现了公共艺术家后期介入的特征。

这件作品的选题过程也颇有趣味，奥登伯格的夫人库斯杰·凡·布鲁根（Coosje van Bruggen）本就希望奥登伯格在大型公共艺术作品中尝试更为有机的形态。奥登伯格受到《鲁滨逊漂流记》的启发，以鲁滨逊的第一件手工制品——伞为主要元素进行创作。由于鲁滨逊的伞只可能是枝条制成，因此奥登伯格的伞也必须结构化。他按照基地形态和形式美规律将伞倾斜布置以追求动感、均衡和指向性间的平衡，并完全按照伞的结构骨架而非轮廓来组织形式语言，取得了简洁、震撼并富于神秘色彩的艺术效果。

❶ 王鹤. 克鲁索的伞 [N]. 今晚报,2020-07-29.

在艺术创作与设计中，结构骨架在确定视觉物体形状方面的作用有时甚至超过轮廓线，法国浪漫主义画家德拉克洛瓦就指出："在动笔之前，画家必须清醒地认识到眼前物体之主要线条的对比。"阿恩海姆就此指出："在很多时候，主线条并不是物体的实际轮廓线，而是构成视觉物体之'结构骨架'的线条。"因此，结构骨架可以用来确定任何式样的特征，这就使对形状的高度简化成为艺术创作与设计手法之一，只要作品简化后的结构骨架符合观众的概念，就可以被轻松辨识出来以达到创作目的（图3-1）。

另外，在筹款方式上，《克鲁索的伞》只有40%的经费来自国家艺术基金会的资助，其余则来自当地捐款，这充分体现了欧美国家公共艺术经费来源多样且有充分保障的特点。

图3-1 《克鲁索的伞》

2. 表皮框架化以丰富形态——《漂流瓶》❶

1986年，奥登伯格夫妇受邀请访问英格兰东北部失业严重、亟待转型的煤钢城市米德尔斯堡。当地希望效仿芝加哥的成功经验，利用知名的艺术创作促进城市转型，提振地区经济。著名航海家库克船长诞生于此，因此作品主题一开始就被定位在与航海有关。在短暂尝试了帆船等造型元素后，奥登伯格与库斯杰很自然地选择了漂流瓶，并意识到瓶身就可以作为文本记录米德尔斯堡的历史。

漂流瓶本身造型简单缺少变化，又不适合通过增加数量的办法来活跃构图，因此作者巧妙地利用了在《棒球棒》中运用过的表皮框架化处理方式。只是与《棒球棒》中规整的模数化效果不同，《漂流瓶》的表皮由大量字母组成，更带有有机的性质。

漂流瓶身外部的灰白色字母组成了库克船长日志记录中天文学家的一句话："We had every advantage we could desire in observing the whole of the passage of the Planet Venus over the Sun's disk."内部的蓝色字母则记载了合作者、奥登伯格夫人库斯杰的诗句："I like to remember seagulls in full flight gliding over the ring of canals."除了将瓶身作为文本记载媒介的用意外，丰富的表面形态变化也使观众的视线从漂流瓶呆板的轮廓上转移开，形式美感由此产生。内部由蓝色字母组成的另一套框架体系则增加了空间元素，进一步丰富了视觉观感。

❶ 王鹤 . 漂流瓶 [N]. 今晚报,2020-04-24.

独特的形态处理以及将瓶身作为文本记录米德尔斯堡历史的创意，都是作品融入所在地人文、历史环境，提升所在地知名度的关键因素，极大改善了纽卡斯尔的人文形象。正是在这件作品的鼓励下，英国看到了利用知名公共艺术作品提升知名度，促进旅游和文化创意产业发展的巨大潜力。此后才出现利用国家彩票资金建设的《北方天使》，并一发不可收拾，甚至于公共艺术成为英国"以文化为先导的城市复兴"的核心要素之一。进入21世纪后，《螺旋桨滑流》等英国作品更是引领世界公共艺术的发展。这一切都要上溯到《漂流瓶》的成功（图3-2）。

图3-2 《漂流瓶》

二、现成品公共艺术设计要点

1. 合理选择基本元素

首先，选择并利用单体现成品进行公共艺术创作设计并非如表面看上去那样轻而易举，不费周折。每种物体都有其自身形态特征，一般来说只有挑选轮廓更富于变化的物体才更容易得到认可，取得成功，比如方方正正的电视机就很难运用。成功作品的长宽比与修长的人体比较接近，因此具有一定形式美感，容易被人的视觉与心理所接受。

其次，因为公共艺术品要设置在特定的环境中，因此要保证较高的环境契合度，必须根据环境特征选择适当形态的现成品，利用自己选择的现成品形态，寻找适合的地点，适当可以改变角度。

最后，在单一现成品不能满足主题表现或形式美感要求的情况下，可以利用多个相同元素进行单一方向或双重方向的组合，可以改变单体元素的形态，以达到重复、渐变与对比的形式美感。

2. 寻找合理变形逻辑

当单体现成品无法实现自身的美感及与空间的和谐，就需要依靠其自身能动性或某种外力使其形态变化，以富于形式美感。因此，以前一步骤选择的现成品为基础，通过以下4种方式变化其基本形态：

（1）充分利用其结构特征，进行以枢纽为轴心的旋转和伸展。

（2）改变其传统质感，使硬质物体呈现软质面貌或反之。

（3）利用其自身软硬适中特质，进行一定的扭转拉伸。

（4）分离布置。在场地面积不允许的时候，就需要选择适合进行分离布置的现成品。这种现成品必须具备一定的尺度、长度，即使被分离也具有可辨识性。如果结构完整的复杂形体，则必须保持原有结构的完整性，处理好消失部分与显现部分的比例与逻辑关系。

如果是线形物体，两部分之间的距离不能相隔太远，两者的地上部分必须严格处于消失线段的两端，两者之间的比例应符合黄金分割比例。分离后的形态应当与环境（长形、方形或圆形）紧密结合，如《针、线、结》。

上述4种方式都可以使现成品形态更为丰富多变，产生形式美感和一定的诙谐意味，并更加适应环境。

3. 进行适当框架化处理

在大型开放性空间中，公共艺术作品必须保持相当大尺度才能与环境相契合，但是巨大体量必然带给观众一定的压迫感。在这种情况下使用框架式造型方式，更容易在保持现成品固有形态不变的同时消解这种不适感，也使作品更好地与充斥水平、垂直线条、坚硬平面的都市建筑环境相契合。框架化处理又可分为两种：

（1）表面框架化处理。表面框架化处理是一种带有模数化或随机性特征的表面结构组织方式，经过这种处理的公共艺术轮廓并没有变化。代表作是奥登伯格位于美国芝加哥的《棒球棒》。

（2）结构框架化处理。结构框架化处理是使用现成品的结构骨架进行设计的方式，作者必须对现成品进行一定的抽象化处理但同时又必须保留清晰的可辨识性。

如何选择适当的现成品，可以结合上述要点，根据个人风格和偏好采用不同种类的框架组构方式，作品表面结构必须具有丰富的形式逻辑，具有相当的形式美感并与设定环境相适应。

4. 拟人化处理

在《美学》中，黑格尔对自然美进行了逐层探讨，他认为从无机物到有机物，有机物中从植物到动物，再从动物到人，美的程度之所以越来越高是因为精神的作用表现越来越多，这种精神作用就是生气的灌注。尽管现代公共艺术赋予现成品以人、动物的形象或气质并不在黑格尔的论述范畴内，但还是可以用"生气灌注"这一术语形容这种创意方法，因为使工具、乐器这些无机体显现出美的关键正是赋予它们精神的作用。拟人型公共艺术利用现成品形态拟人或模仿动物的类型，要求设计者具有丰富想象力和较强自由创作能力，从而提升作品艺术内涵。

三、现成品公共艺术训练范例——《琴键的艺术》

设计者： 李石磊 天津大学建筑学院

指导教师： 王鹤

设计周期： 4周

介绍：

该方案针对天津大学建筑学院西楼缺少专用自行车停放处，导致景观混乱和空间闲置等弊端，以现成品复制的设计方法入手，通过创意加工，借鉴琴键造型，满足大学校园主要人群——大学生的需求，设计兼具休息和乘坐功能的公共艺术。该设计改善了景观，聚拢了人气，为基地带来新气象，属于成功的校园公共艺术作品。

主题意义： 8分。

现成品公共艺术的主题意义通常在于将身边的普通事物放大并进行艺术化处理，以达到幽默、互动的艺术效果。从这个意义上说，将钢琴这种常见乐器及其音乐氛围引入这一空间，并与功能相结合，能够有效提升该处文化氛围，达到设计初衷。

形式美感： 8分。

现成品公共艺术的形式美感评判标准有其独特性，因为其复制的对象往往都经过一次工业设计，所以作者更重要的任务在于选择正确的现成品并进行恰当的处理。在这方面作者就认为，钢琴除了能弹奏出优美的旋律，本身造型亦富有美感。正确的选择为设计奠定了基础。最具巧思的是作者将黑键部分作为自行车停放的卡槽，有效地掩盖了可能出现的形体缺口，还具有耐脏的作用。大面积的白色用于休息，也符合环境行为心理学。

环境契合度： 7分。

作者挑选的琴键本身就是富于抽象美的现成品，又处理为矩形，以与西楼操场的环境呼应。从人文环境来说，音乐与高等院校关系非常紧密，因此不能算牵强。但对于非音乐类高校来说，可能与其他带有音乐背景的公共艺术成系列布置，效果会更为理想。

功能便利性： 8分。

休息与自行车存放一举两得，在功能便利性上达到了很高的水平。当然也有需要注意的问题，对于无靠背的座椅来说，其实不如有靠背的座椅适合长时间休息与交流，所以人们很难做出透视图上的姿势。因此，带有休息功能的公共艺术还需要深入考虑人在特定环境下的具体休息需求。

图纸表达：9分。

工作量充分，场地与设计初衷结合一体，阐述完整、清晰。概念与方案生成也简明扼要。透视图除个别参照人物过大外，效果较为理想。模型表现力强，信息标注完整。唯一的不足在于两幅图的排版类似，主次关系不够清楚，使信息传达流程略有混淆（图3-3、图3-4）。

图3-3 《琴键的艺术》1

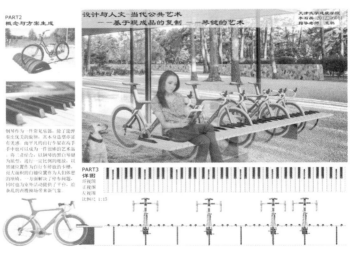

图3-4 《琴键的艺术》2

二维公共艺术设计要点与范例

二维公共艺术是利用绘画、剪影、厚度拉伸等方式，赋予二维图像以三维体积的公共艺术设计方式。这种方式不同于传统形式的浮雕，糅合了绘画、视觉传达等领域的成果，是世界范围内公共艺术设计方法的重要类型。其初步设计要点在总结世界范围先进经验与立足中国国情后，可以总结为以下几点：

一、二维公共艺术鉴赏

1. 低成本打造巨型作品——《地平线》❶

二维公共艺术免去了复杂的三维体积塑造过程，普遍具有视觉效果突出、鲜明，节省占地等优点，但同时也带来必须限制观赏角度的局限。尽管在科技迅猛发展的社会大背景下，二维公共艺术自身的设计似乎缺少可拓展的空间，但新一代艺术家还是找到了进一步发掘这一艺术形式优点的手段，并取得了引人注目的成果。

在新西兰北岛奥克兰附近，有一座富于艺术气息的农场——吉布斯农场（Gibbs Farm）。这座农场以邀请艺术家创作大规模公共艺术作品著称，现在已经成为北岛著名的景点之一。

1994年，来自新西兰南岛克莱斯特彻奇（基督城）的艺术家尼尔·道森（Neil Dawson），巧妙利用二维方式和视错觉原理，在农场制高点的小山顶上，完成了名为《地平线》的作品。

从远处看去，《地平线》像是一片飞舞的纸片，又像是一根羽毛，静静落在小山顶上。但实际上，这是一件15m×10m×36m的大尺寸作品。不同之处在于，作者巧妙利用透视原理，以钢架为原料，创造出立面与平面交错的视觉感受。具体方法是用钢架模仿出纸片边缘的自然卷曲，同时在另一部分用钢丝网模仿空气透视和阴影效果，使人们误以为这一部分距离人们更远，从而形成立体感。但实际上，所有部分都在一个平面上。而且通透轻盈的视觉

---

❶ 王鹤. 地平线 [N]. 今晚报，2021-05-05.

效果也为农场景色增光不少。

这不仅是一个简单的视觉魔术，还具有极大的经济与社会效益。在这样空旷的原野上，作品只有达到数十米长宽才不显渺小。而传统方式产生的空间占用与资金投入是相当惊人的。拉什莫尔山纪念碑每个头像20米高，与《地平线》差别不大，但耗资巨大，且总共14年才完工。因此，说《地平线》开创了一种低成本的大型公共艺术创作模式并不过分。唯一需要注意的就是观赏角度受到局限，这造成《地平线》从有些角度看效果不尽如人意。这一点为此后的艺术家所注意，并通过技术细节的修改和整体设计思路的拓展加以弥补（图3-5）。

图3-5 《地平线》

2. 运用视错觉降低成本——*RELEASE*（曼德拉纪念碑）

纳尔逊·曼德拉（Nelson Mandela）1918年出生于南非特兰斯凯，他成功地组织并领导了"蔑视不公正法令运动"，一直奋斗在反种族隔离运动的第一线，1994~1999年成为南非首任黑人总统，被尊称为"南非国父"，在世界上都拥有崇高地位。

为了更好地纪念这位南非国父，2012年在南非夸祖鲁—纳塔尔省（Natal）建立起了一座新的曼德拉纪念碑，即*RELEASE*（中文意为释放、解放）。这一纪念碑是为了纪念50年前，即1962年8月4日，曼德拉因反抗种族歧视在此地被捕。

纪念碑的建设在世界各地屡见不鲜，大多采用石材或青铜铸造的方式，以表现伟人的高大形象。但是在公共艺术时代，探索新的表现形式成为艺术家们的要务，曼德拉纪念碑在形式上的创新突破尤其超出了人们大胆的想象。

在参观步道的尽头广场上，数十根钢柱拔地而起，隐约组合成曼德拉被囚禁于铁窗之后的形象。这是一种典型的二维创作方法，即通过一个经典的平面形象，反推，用三维的体积加以表达。*RELEASE*依靠50根高21.32~29.52英尺（6.5~9m）不等的钢柱，每根钢柱立面上通过精心设计的锯齿等图形，营造出人物的脸部轮廓、五官等细节，充满新颖的视觉观感。钢柱又暗喻着曼德拉漫长的铁窗生涯，十分切题。

作者马尔科·钱法内利（Marco Cianfanelli）是富有才华的新一代南非艺术家，1970年生于约翰内斯堡，1992年毕业于威特沃特斯兰德大学。其专业本是绘画，但进入艺术领域后涉足广泛，数字化艺术、装置、雕塑和绘画等方面均有建树。难能可贵的是，作为一名新生代艺术家，钱法内利的作品中还寄托了浓郁的故乡感情，致力于表现南非这片土地的历史与故事。同时作为一名绘画出身的艺术家，他在公共艺术中还针对二维图像的创新运用进行了大量探索，直到*RELEASE*达到了巅峰。

图3-6　*RELEASE*（曼德拉纪念碑）

钱法内利也打破学科和专业局限，引入了环境整体设计的观念。人们只能沿着丘陵中开辟出的步道接近纪念碑，面对的正是*RELEASE*最佳的观赏角度，从而最大程度上实现了设计初衷（图3-6）。

二、二维公共艺术设计要点

1. 以绘画技巧转制

绘画型公共艺术是将绘画本身或绘画中的形象直接转换成三维形态并布置到公共环境中的作品，多来自世界绘画艺术大师进入公共艺术创作领域的探索，特点是直接或间接将带有标志性特征的绘画元素运用在立体公共艺术作品中，具有简洁、明了的特点。绘画型公共艺术又可分为两种：绘画元素的直接运用和绘画元素的间接运用。绘画元素直接运用的代表作是毕加索1966年为华裔建筑大师贝聿铭设计的美国纽约大学教职工宿舍区创作的作品。作品在巨大的混凝土板上用黑色马赛克镶嵌出毕加索的标志性语言——抽象的女人脸，作品打破了传统雕塑注重体量感的传统，显得简洁并富于现代感，材质选择与尺度大小也与周边现代派建筑环境十分融洽，称得上是二维型公共艺术作品的范例。

2. 以剪影正负形开展设计

剪影来自对事物轮廓的描述，轮廓又来自物体的形状。不受光影、深度、体积影响的形状是辨识物体最基本的手段之一。鲁道夫·阿恩海姆（Rudolf Arnheim）在《艺术与视知觉》中认为："形状是被眼睛把握到的物体的基本特征之一，它涉及的是除了物体之空间的位置和方向等性质之外的外表形象。换言之，形状不涉及物体处于什么地方，也不涉及对象是侧立还是倒立，而主要涉及物体的边界线。"传统上，开放空间中的艺术形式只可能是具有二维的壁画、线刻或三维的雕塑。但是现代公共艺术颠覆了这一传统认知，大胆采用具体形状的轮廓剪影作为主要表现手段，根据形式不同可分为剪影正形、剪影负形和剪影正负形综合使用。与剪影正形公共艺术利用事物轮廓作为主要表现手段相反，负形公共艺术主要运用实体围合出的虚空作为表现手段，不但视觉效果醒目，还可以穿越交通流线。但这种方法高度依赖背景的纯净，适合布置在海滩等空间。剪影正负形则是在正形内包含负形，兼具这两种艺术形式的利弊，但特点在于可以通过正形内的负形轮廓表达特定概念。

3. 插接与折叠

与单纯二维平面的剪影式公共艺术相比，插接与折叠是更为复杂的设计方法，涉及空间中的三维造型。它更接近传统的雕塑造型方式，因此对设计者把握空间的能力有较高要求。

最基础的内容是对几何形态的表现，主要是将板材作为一种基本要素，通过插接与折叠的方式进行组构，由易到难，分别可以表现几何形态、偶发形态与具象形态。许多儿童益智玩具都采用了类似形式。

更进一步的方式是对偶发形态的表现，美国艺术家乔治·休格曼（George Sugarman）在这一领域最具代表性，不规则形、色彩鲜艳的片状铝板是他最钟爱的造型元素。其位于加利福尼亚欧文市贸易中心的代表作《城市公园》就体现了插接与折叠手法的综合运用，具有多变的形态、鲜艳的色彩，以及符合人体工程学的休息功能提供。

插接与折叠方式还可以广泛运用于植物、动物和人物等具象形态的表现，并具有直观、新颖的视觉效果。英国盖茨黑德的超大型公共艺术《北方天使》就是运用板材插接方式设计而成的，相对同尺度的传统造型方式作品，成功节省大量人力、财力。

4. 厚度拉伸

在公共艺术创作中，来自不同领域的艺术家将二维图像拉伸出一定厚度，使之成为三维形体并适应开阔空间的观赏需求。对二维图像进行厚度拉伸，可以有效避免剪影公共艺术边缘过薄，布置环境受制约等问题，因此应用范围越来越广。

最简单的是字母型，首次使用拉伸方法对二维拉丁字母进行处理的艺术家是罗伯特·印第安纳（Robert Indiana）。

另外，对形式优美的几何二维图像进行厚度拉伸也可以得到具有三维体积的公共艺术作品，法国艺术大师让·阿尔普（Jean Arp）是这一领域的代表人物。这种方法对作品的尺度有限制，因为过大的形体会显得表面较空。鲜艳的色彩和丰富新颖的肌理也有助于提升整体效果。

对具象事物的厚度拉伸更为复杂，位于德国波恩的贝多芬像最具代表性。

通过拉伸二维图像创作公共艺术品是一种相对而言比较简单的方法。不论出身造型还是设计专业，只要创作者具有一定的美术基础，能够创作出一个优美的二维形式，就可以对其进行拉伸以得到厚度，进而形成三维体积。这一拉伸的幅度可以通过经验控制，但也有一定规律，一般而言，拉伸的厚度不能小于图像最大宽度的1/13，否则就仍会被视为面而非体。颜色一般以鲜艳喷漆为多，也可处理钢材、石材表面以得到反光或肌理。当然，拉伸二维图像得到的公共艺术品依然受到观赏角度的较大制约，因此仔细根据环境选择布置位置以确保正面观赏角度十分重要。

三、二维公共艺术训练范例——*Moments of Movements*

设计者： 诸葛涌涛 天津大学建筑学院

指导教师： 王鹤

设计周期： 6周

介绍：

方案运用剪影原理，但是提高了设计复杂度，以木材为基本元素，通过角度设定，在每根木柱上都喷涂有剪影人物的一部分，使观众或游客在适当的角度能看到完整的剪影形象本身。作品有效突出体育主题，契合所在街道环境。

主题意义： 8分。

利用新颖设计方法完成的剪影形象挑选当下流行的体育题材，如武术、冲浪、滑翔伞、跳舞等年轻人喜爱的运动，引起年轻人的共鸣，为青年注入新的活力，以达到重塑社区面貌的作用，这是当今公共艺术的关注热点。以英国为例，《北方天使》《倾转此地》等富于视觉冲击力的大型公共艺术建成后，有效降低了当地年轻人口外流率，提升了就业，促进了经济向文化创意成功转型。因此方案具有突出且现实的主题意义。

形式美感： 8分。

如案例所说，这种设计方法早已得到验证，视觉效果理想。数字技术助力新颖的造型方法，已经不能用传统的形式美学原理加以解释，需要从是否符合时代进步的视角来积极看待。

环境契合度：7分。

和所有基于二维图像的设计方法一样，利用分散柱体剪影创作也有自己的弊端，就是对观赏者的视角有所限制。由于造型逻辑更为复杂、精妙，因此，相比于简单的剪影，其对观赏者的观赏距离也有限制。从这个角度说，该方案对作品尺度和间距等细节考虑很合理，充分基于步行街的线形空间形态完成设计，与环境有较高的契合度。

功能便利性：6分。

步行街与人的环境、行为密切交际，公共艺术在进行形式创新以具备形式美感外，应当通过深入思考使其具备一定的功能，这是该作品尚待完善之处。

图纸表达：10分。

透视图视觉效果突出，富有意境。形式逻辑阐述清晰合理，对独特的视觉效果形成机制有较完整的说明，设计说明及信息标注完整，工作量充分（图3-7、图3-8）。

图3-7　*Moments of Movements*　1

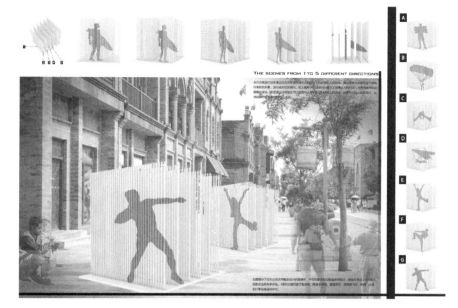

图 3-8　*Moments of Movements* 2

第三节
像素化公共艺术设计要点与范例

一、像素化公共艺术鉴赏

1. 易于与建筑功能相结合——《手》

2011年1月1日，位于美国加利福尼亚圣何塞国际机场一座停车楼外墙落成了一件新的超大型公共艺术作品《手》。作为当前全美面积最大的公共艺术之一，《手》标志着像素化艺术在一个规模空前领域的采用，其创意出发点及工程实践中克服的实际困难，都对相关领域的实践与探索具有极大的启发意义。

从远景看，《手》是一面包括一整座停车楼，高达60英尺（约18米），全长1200英尺（360余米）的巨幅数码印刷作品，上面是不同手的形状。如果仅是这样，作品的意义恐怕更多是在于空前尺度本身，但如果近前一看，会发现情况远非如此，所有（共54只）手的不同形状，包括轮廓、阴影、背景和细节，都是由像素化方法嵌套在钢丝网上的塑料圆盘组成，总计约40万个，工程之浩大可见一斑。如此可使作品在达到设计图像视觉效果的同时，保持更好的坚固性，拥有更长寿命。同时这一方法还可以透出停车场内部光线，实现视线贯通，具有诸多优势。

这一作品的作者是美国艺术家克里斯坦·穆勒（Christian Moeller）。作品的灵感中讲到，艺术家从加州本地人文背景中提炼出"手"这一形象，希望以此表达圣何塞是一个具有多样性和没有偏见的地区。

在设计施工中，艺术家、机场管理方、建筑师、结构工程师和制造商密切沟通，确定利用标准铁丝网围栏材料替代停车场原本计划的典型预制混凝土外观。通过数字化处理确定每个塑料圆盘应处的位置后，由10名工人操作两台专用机器设备开始在每个节点将正反两部分塑料圆盘黏合到一起。如此处理40万个像素点，最终形成现有外观。

完工后的《手》成为圣何塞机场的标志之一，也深受硅谷当地社区居民喜爱。从艺术角度上来说，采用传统上适合平面设计的造型逻辑，通过像素化方法，基于计算机技术，能够实现超大型二维公共艺术，并有效降低施工过程中人力和财力的消耗，对世界范围内其他地区的公共艺术创作有很大启迪意义（图3-9）。

图3-9 《手》

2. 降低作者进入门槛——《数字虎鲸》

在2009年温哥华会展中心的扩建中，一系列立足现代、海洋和加拿大本土文化的公共艺术落成。位于杰克普尔广场的《数字虎鲸》就是其中之一，也是最负盛名的一件作品。相对于《手》那样的巨型作品，《数字虎鲸》尺度适中，与传统景观雕塑更为接近。《数字虎鲸》的落成更是近年来新颖造型方式不断涌现，以及跨学科艺术家广泛进入公共艺术设计领域的例证，体现着像素化艺术旺盛的生命力。

这是一件运用类似乐高积木式构型方法完成的虎鲸，采用了跃出水面的经典姿态，位于会展中心滨海的大面积硬铺装平台上。虎鲸作为一种既具有攻击性，又有魅力外表的海洋哺乳动物，是不列颠哥伦比亚省重要的海生动物群落。作品位于此地，从文化氛围上十分契合，加以新颖的视觉形式，引得游人纷纷与之合影，在媒体上的曝光率也极高。

至于这种新颖的方式，其实来自一位有着作家名声的艺术家。道格拉斯·柯普兰（Douglas Coupland）1961年生于加拿大一个军人家庭，他在日本、意大利等地的院校完成了艺术与设计的本科学业并成为一名设计师，然而却意外（如他自己所言）成为一名知名作家。其第一部畅销书是1993年出版的《X一代》，书里的"Mc Job"（直译为麦当劳工作，意为低薪且无前途的工作）and "Generation X"（X一代，泛指20世纪六七十年代初出生的美国人，而这批人身上有着不同程度的不负责任、冷漠和物质主义等特点），对流行文化的塑造产生了一定影响。

进入21世纪以来，柯普兰进军公共艺术领域，并完成了《黄金树》《无限轮胎》《海狸水坝》等一系列公共艺术作品。他的公共艺术都体现出造型方式新颖，贴合加拿大本土文化与后现代美学的特点。但最主要的是，《数字虎鲸》本身采用的类似乐高积木的造型方式，应当确切称为对虎鲸形象的立体像素化处理，是一种对造型技巧要求低，与时代环境契合度高，受众更广泛的新颖造型方法，也在各国引起了广泛的追随与模仿，影响深远（图3-10）。

图3-10 《数字虎鲸》

二、像素化公共艺术设计要点

1. 合理选择基本元素

像素化艺术虽然有着诸多优势，也非毫无缺陷，其有着自身不可克服的表现力局限。由于像素化本身会带来细节的缺失，减弱形象的轮廓与特征，因此其只适用于加工深化那些有具体形象的人、动物、工具等。待加工的形象本身必须易于识别，对一些抽象物体进行的像素化加工已经被证明是失败的。也就是说，需要谨慎、合理地选择基本元素。元素以简单的正方体为好，尺度需要谨慎控制，以免超出设计允许的范畴。

2. 正确选择形态与环境

像素化公共艺术目前主要呈现立体和平面两种形态。立体形态对基本元素的尺度容忍度较高，元素大小均容易接受，《数字虎鲸》便为代表之一。相比之下，平面形的像素画公共艺术更适合与建筑、墙体等环境相互融合，但是对基本元素的尺度要求较高，基本像素越小越好，《手》就是代表之一。

3. 综合考虑功能与维护

像素化公共艺术的一大优点是可以将一个统一的形态分为数百甚至上千个单一的元素体，利用这些元素体的相互组合，形成作品的最终形态，无论是在立体空间上还是在平面空间上都能完成组合。这为后期的维护带来了很大的便利，单一元素的损毁可以通过更换单元体来解决，这类同于现在普通白炽灯泡与LED灯之间的优劣势互补关系。但也正因如此，像素化公共艺术更需要关注全寿命期的维护。因为单一元素更容易受到自然力或人力的损害，一定的元素受到损毁之后就会影响整体的效果。

三、像素化公共艺术训练范例——《岁跃》

设计者：单蓬越 天津大学建筑学院

指导教师：王鹤

设计周期：4周

介绍：

该方案采用独特的实体模型表现方式，利用乐高积木实现效果，结合软件建模，呈现出丰富的表达效果，值得鼓励和肯定。

主题意义：7分。

能够从大多数人习以为常的儿时回忆和现实生活入手去展开基于美的创作，可能并不显得具有显著的社会效应，但同样能够美化环境，提升宜居程度，也具有比较典型的主题意义。

形式美感：9分。

总体形式优美。在造型上契合传统的跳房子、藏猫猫等儿时游戏。使用乐高积木为基本单元，构成上的对比、均衡美感显著，色彩搭配鲜明。最突出的一点是使用寻常可见的乐高积木进行主要模型的搭建，体现课程借助生活经验辅助设计展开的特点，成功实现寓教于乐的意图，也能够让大多数观众积极接受。使用乐高积木不但辅助作者表达意图，还令作品体现出了像素化设计的基本要素，包括模数化组合，初学者易于把握等。

环境契合度：7分。

在环境上没有做明显的构想，基本是放置在校园或公园内，效果图本身制作的时候，在尺度和环境上还有值得完善之处。

功能便利性：8分。

带有一定构成意味，总体上符合人体工程学，实际功能比较突出，可以供人们休憩和游戏。与主题也非常契合。

图纸表达：9分。

排版上对交通流线、功能分区、视线分析做了比较周密完整的安排，体现出严谨的设计思路。特别是使用典型的效果图在上的竖排版方式，内容搭配得当，信息充实完整，色彩对比完整鲜明，值得学习（图3-11）。

图3-11 《岁跃》

第四节
能动公共艺术设计要点与范例

在2010年以后的世界经济、文化发展大背景下，能动公共艺术体现出与其他设计创新类型公共艺术同样的演变趋势，即受到科技发展越来越深的影响和介入，技术上渐趋复杂，技术含量日益增加，并体现出概念日渐泛化、主流不断转化、主题不断引申这几个独特的发展趋势。掌握并准确判断这几点独特趋势至关重要。

一、能动公共艺术鉴赏

1. 风动经典——《螺旋》

古往今来的雕塑家都希望在三维艺术中实现动感，但真正将动态艺术发扬光大并使之走入广阔的公共空间的，当属美国艺术家亚历山大·考尔德（Alexander Calder）。考尔德出身艺术世家，却考入史蒂文思理工学院就读于机械工程系，这种理工科背景和在机械结构上的造诣为他后来的发展增添了别人无法企及的优势。28岁的考尔德游历欧洲，当时欧洲正盛行的超现实主义、构成主义、荷兰派以及毕加索的一些集合试验，尤其是加波的艺术给了他很大启发，他开始尝试很多小型的具有构成意味的雕塑，1929年的《带手柄的浴缸》就是其代表作之一，这些作品通常以金属丝为主要受力结构，从而不断改变自身形态。

考尔德的艺术成就主要分为两大组成部分——"活动雕塑"与"固定雕塑"。前一个名字是马歇尔·杜尚（Marcel Duchamp）为之命名的，后一个名字则是相伴而来的，艺术家阿尔普听到"活动雕塑"这一名称，不由得问考尔德："你去年做的那些是什么东西？是固定雕塑吗？"这发生在1932年美国维戈美术馆的考尔德个展上。雕塑的运动感不但是考尔德的目标，也是很多艺术家毕生追求的，如未来主义的翁贝特·波丘尼（Umberto Boccioni）大胆地运用不同视角的印象留存来展示运动感。与波丘尼不同的是，考尔德走了另一条路——直接使雕塑活动。

20世纪50年代，回到美国后的考尔德逐渐将活动雕塑由沙龙内的试验转向了广阔的公共天地，从1958年为联合国教科文组织总部设计《螺旋》开始，带有固定基座、枢轴、随风摆动的叶片的彩色雕塑形式就逐渐成为考尔德的象征。这些片状结构与现代派建筑十分契合，并有效地包容和限定了大片建筑空间。可以说，运动作为一种存在，使考尔德的作品在自然力的影响下不断改变自身在空间中的形象，更不断改变与环境的关系，从而带有永恒和生命力的意味。

考尔德的活动艺术作品年代较早，形态还比较简单，最著名的是落成于美国芝加哥的《火烈鸟》。但不可否认的是考尔德最早将活动雕塑的概念付诸公共领域的大规模实践，并吸引了众多后来者投身其中不断完善，这正是其最大功绩（图3-12）。

图3-12 《螺旋》

2. 电动与像素化的结合——《雨之舞》

《雨之舞》于2012年7月5日落成于新加坡樟宜机场一号航站楼。与传统上具有整体性的大型作品不同，《雨之舞》是两件作品组成一组的能动设施。每件由608颗雨点组成，占地39.2平方米，每天6点启动，午夜停止，过程和图案完全由电脑控制上下左右移动，每15分钟会组成16种不同形状，如风筝、热气球、飞机、龙等，均力求呼应航空主题。最远的雨滴运行距离达到7.3米。更有趣的是，两者之间还有一定的关系，有时是互为镜像，有时互为补充，还有时是对对方的回复。

业主樟宜机场集团对作品的主题非常明确。从2009年起，该公司作为樟宜机场的行政管理公司负责机场的营运和管理、空中交通枢纽功能以及商业活动等。2011年该公司希望通过一件表现热带雨效果的动态作品，来向新加坡这个热带城市致敬，另外，也是寓意数千名员工协调一致，为乘客服务的精神。

更需要注意的是，在《雨之舞》的创作中，科技所占比重越来越高。如项目一名德国工程主管所言："在《雨之舞》中，我们实现了迄今为止该类艺术作品中最尖端的项目。本项目花费了2000多工程小时。最具有挑战性的是将重达30吨的完全预装设备运输到新加坡。"首先，每个雨滴与众不同，虽然仅重180克，但却是中空的，内置微型电机。雨滴本身以铝制成，以保证轻自重和高强度，并外镀抛光紫铜以避免腐蚀。其次，没有高度成熟的编程算法，这件有1016个能动部件，而且运转轨迹非常复杂多变的作品也不可能实现。

图3-13 《雨之舞》

应当说，《雨之舞》综合了像素化公共艺术与能动公共艺术的特点。运动的部分不再是某些特定的部分，如叶片或手臂，而是每个基本要素本身，由它们组构成特定形象。单一要素的损坏不会影响整体的效果，而且运动的效果更为丰富。这不但体现出近几年来程控技术和材料工艺的突飞猛进，还展现出类似于人工智能的科技领域新趋势，因此这是一种有着广阔前景的能动公共艺术手法（图3-13）。

二、能动公共艺术设计要点

1. 风动公共艺术设计

风动型公共艺术是利用风能作为基本动力，推动公共艺术上某些部分绕枢轴旋转，从而带来生机感与活跃氛围的公共艺术类型。由于诞生年代较早，实现工艺技术相对简单，基本不受自然条件制约，不被"后勤保障"困扰，因此成为能动型公共艺术中数量最多的种类。能动公共艺术作品的设计往往不是从形态出发，而是直接从能动的节点、平衡、配重等机械学、力学问题入手，并根据这种节点的特征选择材料、工艺甚至安排形态。完成的设计还要经过多方面的缜密测试，以保证在各种极端气候下的安全性。

需要注意的是，设计机械活动式公共艺术需要高度注意后续管理问题，伺服机构、液压系统、供电装置等设备都需要长期的良好保养。在这种情况下，合理的公共艺术管理政策就显得尤为重要，明确的责任部门指定以及持续不断的经费投入都是必不可少的。另外，机械运动部分的安全性也需要周全考虑。

2. 水动公共艺术设计

水与人类生活密切相关，也是自然环境的主要组成部分。水景设计传统上属于园林、景观设计范畴，具体有静水、动水、跌水和喷涌等形式。在人工城市环境中设计喷泉等水景，是对自然景观的利用和再现。

公共艺术品与水体的结合，为双方都带来了进一步发展的广阔空间。艺术品本身在新技术、新材料、新理念的作用下能依靠水产生更鲜明的变化。在这方面，最基本、初级的组合无疑是艺术品与喷泉的直接结合，艺术品与喷泉是完全分开的，喷泉衬托艺术品而存在，艺术品提升水景的品位。中级的组合方式是艺术品必须利用静水才能实现自身艺术效果的完整性，这种艺术品必须结合水体展开设计。最高级的组合方式是将计算机控制的喷头与艺术品做一体化设计，具有可控性的水流。

综合来看，在结合水体的公共艺术设计中，不论是技术设备的选择还是造型、材料的选择，都应紧紧围绕设计思路中基于水的何种特性展开。还需要看到，与水体一体化设计的公共艺术包含了复杂的艺术与技术问题。首先，包括土建池体、管道阀门系统、动力水泵系统和灯光照明系统等传统喷泉面临的技术问题，在此类公共艺术作品中依然存在，需要妥善解决。其次，水质问题，在日照充足的地区，喷泉中往往藻类滋生，因此在大型水景公共艺术中需要运用化学沉淀法与水过滤循环系统结合保持水质。再次，安全性也是与水体一体化设计的公共艺术需要格外注意的。最后，对于中国公共艺术界来说，在水体的运用上，还需要重点考虑中国国情。比如中国北方冬季较长和中国作为一个缺水国的基本国情可能会制约利用水体遮蔽性开展的设计。这些相对不利因素都对中国设计师充分发挥创意思维和灵活运用系统工程思想提出了更高的要求。

3. 电动公共艺术

电动公共艺术最基本的功能在于提供更优美、更富于变化的形式感。电动型公共艺术是以电能为基本动力，驱动艺术品上某些部件运动，从而丰富艺术表现力，活跃环境氛围的艺术形式。与风动型公共艺术相比，电动型公共艺术的优势在于可以做出有节奏的规律性动作，缺点在于需要持续不断的能源供给，还需要定期保养维护电机等部件，《雨之舞》就是一个典型案例。当然还需要注意，电动公共艺术一般不对人的动作等做出反馈，这与第八节中声光电互动公共艺术不同。

三、能动公共艺术训练范例——《脆弱的平衡》

设计者： 李洋　天津大学建筑学院

指导教师： 王鹤

设计周期： 6 周

介绍：

运用能动结构表达主题意义，是难度较大的设计方法。方案结合现成品和形体选用 Rhino（犀牛）软件建模。表现手法与表现主题和表现内容契合程度高，有很大的参考价值。

主题意义：8分。

主题上，方案能够将生态保护、人与自然和动物的和谐相处主题超脱出单纯的视觉范畴，借用身边的物理规则并上升到哲学层面加以思考，并进行立体化和永久化表现，主题意义非常突出。

形式美感：8分。

使用这种处于崩溃边缘的平衡的手法是构成法则当中"对称与均衡"的重要内容，自身就有比较强烈的视觉美感与视觉冲击力。但是由于结构比较复杂，内容相当丰富，因此如果一旦实际建造并落成，对材料强度要求较高，节点焊接的强度要求都比较高，在后期维护上可能需要更多的成本。

环境契合度：8分。

与交通流线关系较为合理。美中不足的是，最后的效果图不是在一个更为开阔明亮的环境当中。因为草坪不能践踏，所以影响了人们观看作品的角度与距离。可以考虑布置在硬铺装环境当中，在充分考虑安全性的问题前提下，人们可以相对自由地去穿越体会。

功能便利性：7分。

方案对功能关注较少，可以作为后续改进的重点之一。

图纸表达：9分。

属于非常典型的深底色构图法，运用难度高，较为少见。但诸要素运用得当，图纸表达语言内容视觉效果更为突出，整体效果凝重、严肃，进一步突出了对生态属性的思考。如作者所言，如果用两张图纸能够表达得更为从容，体现出了勤奋的学习态度（图3-14）。

图3-14 《脆弱的平衡》

第五节
反射型公共艺术设计要点与范例

借助高度抛光不锈钢等材料，反射周边环境的公共艺术，即反射型公共艺术的总称。尽管反射在美术学上有其学术意义，但仅仅从环境公共艺术的视角来看，反射其实是作品与环境互动成本最低的手段。随着科技进步，越来越多低成本的贴纸等具有反射效果的材料开始普及，进一步扩大了反射型公共艺术的疆域。

一、反射公共艺术鉴赏

1. 大型反射公共艺术的代表——《水之星》

拉·维莱特公园位于法国巴黎东北角，远离城市中心。由于地处城市边缘，历史上大量移民来此居住，加之批发市场开设于此等原因，使公园所在地成为混乱之地。1973年雄心勃勃的法国总统密特朗提议在此兴建包括国家科技展览馆在内的大型科技文化设施，并列入当时巴黎的九大"总统工程"之一。国际设计竞赛经过层层遴选，最终选出瑞士和法国双重国籍的建筑师伯纳德·屈米（Berinard Tschumi）的方案。该方案集中了屈米本人的解构主义思想，用点、线、面3个各自独立的系统相叠加，构成公园的所有动线和平面，来展示"科技与未来"和"艺术"这两个截然不同的主题。

拉·维莱特公园因其革命性的设计思路改变了世界范围内主题公园设计的面貌，当然也引起了诸如造价昂贵，更像游乐场而非亲近自然场所等批评。但需要看到该方案设计师的初衷就是如何将公众重新吸引到城市公园来，并使之成为21世纪城市公园的样板。

拉·维莱特花园是建筑师介入公共艺术设计的最早范例之一。建筑师阿德里安·凡西贝尔（Adrien Fainsilber）为公园设计了《水之星》。这既是一件有着高超审美价值的艺术品，也是一座带有实用功能的建筑，内部可做球幕全景电影院。

由于尺度太大，因此必须运用拼接工艺，限于当时的技术条件，球体表面上三角形的拼接痕迹清晰可见，却也为作品平添了一份后现代的肌理感。

由于功能和尺度原因，《水之星》不能实现完整的球体，为此设计师巧妙地将球体底部浸入水中，使观众的视知觉感受到球体的完形。同时，高度抛光的不锈钢材质与水体结合，产生了灵动感和升腾感，视觉变化更为丰富，更好地与周边高科技派风格建筑相协调以融入环境。

《水之星》最后完工的效果十分理想。从远处看，巨大的金属球体反射着阳光和周边景物，具有极强的科幻色彩和超现实意味，甚至可以说为21世纪初的《云门》提供了一定的灵感（图3-15）。

图3-15 《水之星》

2. 小型反射公共艺术的代表——《我的天空洞》

《我的天空洞》的作者，日本艺术家井上武吉，生于1930年，毕业于著名的武藏野美术学院雕塑科，早年就表现出过人的艺术天赋，在现代日本美术展中多次获优秀奖。井上武吉毕业后的日本艺术界正值第二次世界大战结束后，日本美术界破旧立新的时代，各种新思潮被广泛引入、接纳。井上武吉与崛内正和、朝仓乡子等38位青年雕塑家一同成立了"现代雕塑集团"，以不受风格、派别束缚为宗旨，对活跃日本战后雕塑界风气起到了很大的促进作用，可惜举办三次展览后解散。20世纪70年代，日本部分县、市、町实施用艺术点缀环境的计划，井上武吉等青年艺术家借助在这些地方购买、举办雕塑大赛等形式收集艺术品这一机会，得以成为日本公共艺术的领军人物。

井上武吉的作品非常有特色，相当大一部分作品均命名为《我的天空洞》，只是后缀有作品落成的不同年份。这些作品形态多样，不都局限为球体，也不都运用不锈钢材质的反射能力，但普遍注意与建筑环境的有机结合。《我的天空洞》系列中最具代表性的还要数分布在日本东京、广岛等城市的球形作品。这些作品往往不设基座，尺寸通常保持在2.2米左右，这是一个相对适中，既不会因过大而引起人恐惧不适，也不会因过小而被人忽视。精湛的加工工艺保证了球体对周边环境最大限度的反射与变形效果。作者还根据特定的创作意图在上面开了不同形状的空洞，打破了球体过于规整带来的无机感，变得更有生命力（图3-16）。

图3-16 《我的天空洞》

二、反射公共艺术设计要点

1. 注意利用加工工艺进步来提升作品效果

利用不锈钢材质的反射能力进行公共艺术创作，需要作者对材料的加工工艺有更好的把握，因为这是作品能否实现预期艺术效果的关键。无论是《云门》还是《天镜》，我们都可以看到发达的金属加工液及表面处理工艺决定了作品最终的效果。而这又与成本、整体科技进步水平紧密地关联在一起。经常可以看到日本出现了数量较多的反射型公共艺术案例，背后原因就包含技术层面：日本有发达的金属加工业，很多市、町的小型家族企业掌握着一两门精湛的加工工艺，保证了日本艺术家的构想得到彻底实现。主要以材料肌理特性进行创作的日本女艺术家多田美波特别强调，很多艺术品离开日本，离开这些小型加工厂是无法制作出来的。因此，推动工业、建设领域的技术向小型雕塑生产厂家转移，是提高中国反射型公共艺术水平提高的关键因素之一。

2. 根据加工工艺与环境形态决定尺度与形态

与其他类型公共艺术设计一样，作者要根据工艺和环境来确定作品的尺度。所不同的是，由于反射型高度依靠加工工艺，比如因为不锈钢成型或电镀工艺都对尺度有限制，在这种情况下，适当选择相同形体的并列或叠加是必然的选择。举例而言，高桥秀于1988年落成于日本东京都的作品《面向未来》，就根据狭长的建筑前空间环境选择了两个并列的水滴型不锈钢反射体，也便于加工。因此，预先根据空间形态和现有加工工艺，灵活决定作品尺度与形态，而不必盲目模仿《云门》那样的大尺度作品，致力于走出自己的路线，应当是我们努力的方向。

3. 谨慎处理与环境的关系避免光污染

设计反射型公共艺术特别要对周边环境有更深的了解，因为这类作品通过反射融入周边环境，周边环境的主要色调、交通流线等都对作品有很大影响。举例来说，正是由于其反射周边环境，因此，有的时候可能会让人们注意不到作品，从而产生安全性的隐患。这就要求通过基座处理提高作品的高度，或者避开紧要交通流线，或者增大作品的尺度，并且减少边缘上的棱角等手段来加以处理。

另外，反射型公共艺术高度反光。中国城市往往人口稠密。如何避免反射光线造成光污染就需要周密设计形态、角度，必要时只能通过亚光处理来降低反射强度，但也会影响作品的效果。

4. 要考虑后期维护管理

反射型公共艺术高度依赖良好的后期管理，否则，其表面的反射性将会直线下降，从而影响作品的整体效果。《云门》能够达到现有的水平，与芝加哥当地多风多雨的环境密不可分。更离不开固定间隔的大规模保养，每一次保养需要消耗大量清洗剂及大量人工成本，且耗时长。所以，创作反射型公共艺术，特别是永久性的大型反射性公共艺术，需要提前安排全寿命期的维护成本、维护机制，以避免作品落成后，由于维护不当而影响整体效果，进而引发舆论争议。

三、反射公共艺术训练范例——《幻镜》

设计者：温世坤 天津大学建筑学院

指导教师：王鹤

设计周期：6周

介绍：

该方案的基本思路是构建一个适合广场人群的休息空间，具体元素运用有一定仿生特点，三角形结构杆件模拟树枝生长，形式逻辑合理且有一定美感。从更深层次说，该方案致力于满足公共空间的公众情感需求，充分借鉴《云门》《天镜》等知名作品，运用镜面公共艺术反射周边事物的经典设计手法，既营造出多变、奇幻的视觉效果，又产生如作者构思的促进人文思考的社会效果。

主题意义：8分。

作者运用了镜面反射手段，使观赏者视野内的事物增多，确实能起到一定减轻压力和促进思考的社会效应。这在镜面反射型公共艺术中已经得到了一定程度的印证。同样，构建一个半封闭的空间后，空间内的人流速度减慢，也具有从现实生活中超脱出来，促进思考的作用，这在美国公共艺术获奖作品——克利夫兰市图书馆的《图像与场地》中体现得比较鲜明。

形式美感：8分。

正确运用仿生手法和镜面反射手法的公共艺术作品，一般都能产生比较理想的视觉美感。作者在细部独具匠心的处理更为形式美感加分。

环境契合度：8分。

由于自身专业学习背景，作者更多是基于建筑形态来寻求与城市广场环境的传统契合方式。近年来类似案例非常普遍，不过能够阐述是否具有永久性可能会更好，毕竟永久性作品对环境嵌入度更深，可能需要进一步完善技术细节。

功能便利性：8分。

可提供传统意义上的休息和遮阳功能，并可同时满足较多人数的需求，符合广场特点。

图纸表达：9分。

内容完整，表达清晰，排版底色运用得当，富有视觉冲击力，主效果图视觉效果突出，但对总平面图的描绘不够准确（图3-17、图3-18）。

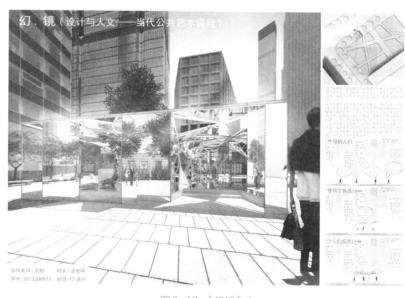

图3-17 《幻镜》1

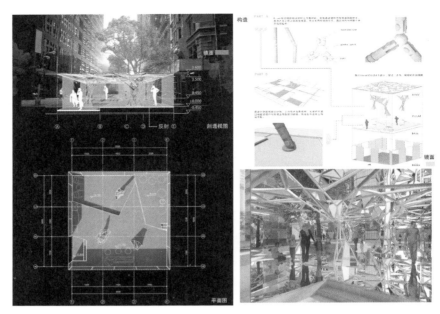

图3-18 《幻镜》2

第六节
生态公共艺术设计要点与范例

一、生态公共艺术鉴赏

1. 警示的代表——《7000棵橡树》

欧洲艺术家较早运用天然有机性质的材料是为了通过反讽达到艺术目的。比如，在20世纪70年代兴起的以反对环境污染和恢复生态平衡为创作主张的"生态学美术（Ecological art）"中，西方艺术家运用包括观念、材料在内的一系列手段唤起公众对生态问题的重视，特别是德国艺术家汉斯·哈克（Hans Haacke）直接利用被污染的莱茵河河水、玻璃与塑料容器等综合材料创作作品，确实对观众的感官与心灵产生了强烈的冲击。但是真正将欧洲生态公共艺术推向高峰的，当属德国艺术家约瑟夫·博伊斯（Joseph Beuys）和他经典的《给卡塞尔的7000棵橡树》。

20世纪60年代，博伊斯扬起新时代德国艺术的旗帜，继承前辈的人文关怀与哲学思考，为新现实主义的发展，为欧洲艺术的复兴作出了巨大贡献。博伊斯的作品凝练了人类无价的思想，传递着艺术家对社会发展深深的使命感。

20世纪80年代，博伊斯的精力集中于著名的生态公共艺术奠基之作——《7000棵橡树》。这件作品以行为艺术的方式，更为清楚、直观地诠释了生态公共艺术的意义。1982年，在卡塞尔文献展上，博伊斯种下第一棵橡树，作为行动的开始。此后他耗费巨资运来数以千计的玄武岩，摆成一个巨大的三角形。锐角指向第一棵种下的树木，但凡市民种下一棵树，就会在旁边摆放一根玄武岩柱。整个项目耗资巨大，博伊斯本人不得不承接其他项目才能勉强维持。此后他与卡塞尔居民共同种下7000棵橡树。《7000棵橡树》计划成功唤起个体参与公共计划的集体记忆，将人、自然、社会紧紧相连。成为具有反思传统的欧洲艺术家，在新现实主义的框架下完成的最具生态意义的公共艺术作品之一。《7000棵橡树》也为卡塞尔这座小城留下了一笔难以磨灭的文化艺术遗产。

"思考即是塑造"，"艺术即人，即创造，即自由"，博伊斯尽管在世时就得到了承认，但他艺术中全部的、真正的价值可能要等多年以后才会被深深理解和感悟（图3-19）。

2. 材料回收利用的代表——《镜像文化》

我们通常所称的光盘是用聚焦的氢离子激光束在高密度介质上处理记录信息的方法，因此又称激光光盘。日常生活中的CD、VCD、DVD等都属于光盘。2010年以后，光盘逐渐开始退出历史舞台。

面对这样的问题，公共艺术家早早行动

图3-19 《7000棵橡树》

起来。2014年，在保加利亚瓦尔纳市，一件名为"镜像文化"的光盘巨幕落地完成。该城市致力于2019年申办欧洲文化之都，因此对这一颇具前景的项目提供了资助。

作品的材料是随处可得的。人们捐出自己不用的光盘，共6000余张，尺度不完全一样，色泽也变化多样，但总体上具有重复美感。作者将创作由封闭的神秘过程变为了开放的，带有社会动员性质的行为艺术。128位志愿者加入，将6000余张光盘编入一张巨大的编织网里。艺术作品带动了瓦尔纳市民的捐献热情与创作冲动，成为艺术与公众互动的成功典型之一。

作品的艺术形式很理想，光盘的高度反射性和斑斓色彩使其在日光下波光粼粼。到了晚间更是达到犹如金属毯子一般的艺术效果，颇为壮观，令人们印象深刻。

作品的环境选择也很得当。安放在瓦尔纳市海上花园公园的入口，系留在入口的立柱上，以达到稳定性，同时具有了更好的视野，也不会阻挡人们的交通流线。

在设计师、市政机构以及市民的一致努力下，文化制度的评委对这个社区艺术项目留下了深刻印象，宣布它成为当年瓦尔纳竞赛获胜作品。现在每年至少有50000名游客来到这座小城市观赏，产生了极大的社会效益、经济效益。

与形式相比，作者本人关注更多的是光盘作为信息存储介质背后的故事，他将创作描述为一个"对过去真实的反应和记录"。同时，作品本身的生态意义不容低估，大量的光盘没有被弃置，产生难以天然降解的垃圾，而是作为艺术品来美化环境，凝聚社区共识以及拉动旅游业，其中的升值只能用艺术的神奇力量来加以解释（图3-20）。

图3-20 《镜像文化》

二、生态公共艺术设计要点

1. 合理运用清洁能源获取途径

2010年以后世界生态公共艺术极为显著的特点之一就是大量采用清洁、可持续的发电技术，为自身照明提供能源，并实现其他功能。实现这一点，就有必要依靠风力发电、太阳能发电、压感发电和潮汐能发电等新技术。

（1）风力发电

风力发电作为一种清洁的可再生能源，取之不尽，用之不竭，越来越受到世界各国的重视。中国风力等新能源发电行业的发展前景十分广阔，预计未来很长一段时间都将保持高速发展，同时盈利能力也将随着技术的逐渐成熟稳步提升。

风力发电主要是将风能转化为电能。风力发电用到的装置称为风力发电机组，由风轮、发电机、铁塔三部分组成。风轮是由两只或者更多只的螺旋桨形的叶轮组成，为了获得更大风能要求桨叶的材质强度高且重量轻，现在常用玻璃钢和复合材料碳纤维。风轮将风能转化为机械能再输送到发电机，但是在这之前，由于风轮的转速低且风力大小和方向的不稳定性，首先要装一个把转速提高到发电机额定转速的齿轮变速箱，再加一个使转速保持稳定的调速机，并且为了使风轮始终对准风向获得最大的转速通常要装一个尾舵。发电机将机械能转化为电能后输出使用。最后，铁塔是用来支撑风轮和发电机的装置，一般在6~20米。

风力发电机有两种类型：

①水平轴风力发电机，风轮的旋转轴与风向平行；

②垂直轴风力发电机，风轮的旋转轴垂直于地面或者气流方向。

相对来说，由于公共艺术往往尺度不大，与人的距离较近，因此水平轴的设计具有更好的安全性，法国的《风树》和英国的《未来之花》都采用了类似的机制。

（2）太阳能发电

太阳中的氢原子核在超高温时聚变释放的巨大能量称为太阳能。太阳能作为最原始的能源可以转化为风能、波浪能、海流能等其他能源。太阳能的应用十分广泛，如太阳能温室、物品干燥和太阳能热水器等。

太阳能要转化为电能，工作的原理是通过水或其他工质和装置将太阳辐射能转化为电能，有两种的转化方式：一种是太阳能直接转化电能，另一种是先将太阳能转化为热能，再将热能转化为电能。用太阳电池进行光电转化，太阳能发电不需要热过程就可以直接将光能转化为电能，包括光伏发电、光化发电、光感应发电和生物发电。其中光伏发电是当今太阳能发电的主要方式，其利用太阳能级半导体电子器件有效地吸收太阳光的辐射能，使之直接转化为电能。

在光伏发电中最重要的部分是太阳能电池板的质量和成本。太阳能电池有晶体硅和薄膜电池两类。晶体硅电池分为单晶硅和多晶体硅两种，单晶硅的转化率最高可达到23%，是三种里面最高的，寿命最高为25年，但相应的成本也最高。多晶体硅的转化率为14~16%，成本低，寿命也相对较短。薄膜太阳能电池的转化率是12~14%，但是最高上限可达到29%。

近年来，太阳能发电技术几乎成为生态公共艺术设计的"标准配备"，光伏电池板与公共艺术形体和外壳的结合日臻完美，并渐渐和智能电网等技术结合。美国得克萨斯的《太阳花》、飞利浦的《光之群花》（概念设计）都是这方面的杰出案例。

（3）压感发电

压感发电的工作原理是在电阻膜上加一个固定的电压，在没有外力作用下，导电膜不接触电阻。没有电压被测得，不会有定位的信息反应。当用硬物压在电阻膜的某一点时，电流通过导电膜被测试电路读取，就可以书写定位了。作为一种网络扫描实现方式，压力感应技术的特点是有物体压住膜的表面时，可以反映出物体压住的位置。

近年来，压感发电技术在生态公共艺术设计中运用虽然较少，这与压感发电技术略微复杂，维护难度较高，但呈现越来越普遍的趋势。丹麦设计的《绿色展亭》、美国波士顿的《人造树》等都是这方面的典型案例。

2. 深刻理解可持续发展理念

可持续发展是一个系统概念，强调既满足当代人需求，又不损害后代人满足其需求的能力，找到一条经济、社会、人口和资源相互协调发展的道路。由于可持续发展已经成为现代城市发展的必备原则，因此专业人士、媒体和公众往往对公共艺术如火如荼发展中暴露出的一些过度发展、不正常发展等不可持续现象有所关注。

但当前对公共艺术可持续发展关注总体上较少，也缺乏系统理论支撑。由于公共艺术具有艺术创作属性，运用可持续发展理念的目的不明确，因此在一定程度上产生一种模仿建筑及其他工程领域对可持续发展理念的运用现象。部分实践为彰显绿色环保观念而选用木、竹等天然材料，为显示可循环利用观念选用废弃钢材进行焊接创作。这些探索都值得肯定，但必须看到其着眼点过于集中在当下。当前，可持续发展理念已经在中国建筑工程领域获得较大突破，而在公共艺术领域还少有人了解，其中主要原因是在任何一座城市中，公共艺术的数量总是远较建筑和其他基础设施为少，对其建设过程中和后期运行时消耗的不可再生资源很难引起足够的社会重视。

三、生态公共艺术训练范例——《花中"云朵"》

设计者：邓惠予 天津大学建筑学院

指导教师：王鹤

设计周期：6周

介绍：

该方案选址土耳其2016年世博园，主旨为营造一个花园。作者考虑到土耳其的气候类型，有较为丰富的降水，因此希望能在营造美丽景观的同时对这种水资源加以利用，以实现对花园的滋养。

主题意义：8分。

作品考虑到了独特的功能性，即与花朵栽培融为一体，每个形体的基本元素都是一个鲜花的水培装置。当一个水培装置片上的花朵生长到最茂盛的时候，作者就设想抽出装置片，取走花朵去花店，并放入新的种子。进入新一轮生长周期，从而将经济与景观结合到一起，形成新的生长模式，符合生态公共艺术中作品与社会经济协调发展的要求。

形式美感：9分。

由于方案选择"云朵"造型，从云状截面开始，采用典型的二维图像推拉方法，获得圆形截面切割，再进行切片和消减体量感，最后加入结构体系，获得了非常突出的基于图形逻辑的理性形式美感。

环境契合度：8分。

该方案对环境契合度有较多考虑，本身与园博会的大环境契合。从具体位置上又选址街角，按照作者的设想，云朵切割为圆形后可以与各个角度的人流产生呼应，环境契合度非常理想。

功能便利性：8分。

方案除了培育花朵的功能外，还有观景等综合功能，功能便利性较突出。

图纸表达：9分。

工作量充足，图纸类型丰富、完整。透视图效果突出，色调淡雅。功能示意与技术细节均有清楚标示（图3-21、图3-22）。

图3-21 《花中"云朵"》1

图3-22 《花中"云朵"》2

第七节
植物仿生公共艺术设计要点与范例

一、植物仿生公共艺术鉴赏

1. 风力发电获取清洁能源——《未来之花》

《未来之花》(*Future Flower*)是位于英国默西河河畔的大型公共艺术作品,由Tonkin Liu事务所设计。《未来之花》使用寻常可及的软钢作为基本材料,用多组镂空金属片编成花状,但通过镂空处理进一步降低结构重量,并辅之以精密的加工工艺,实现了与环境的互动和可循环利用的绿色设计标准,是当前生态公共艺术的代表作。

《未来之花》自身高4.5米,用钢柱支离地面后全高14米,钢柱上固定风力涡轮,120片穿孔镀锌软钢花瓣内部包含60个由风力提供电能的LED照明灯。当风速超过每小时5英里，灯光就会逐步明亮，直至形成一团红色的光芒，因此被命名为"未来之花"。作品不但在白昼和夜晚都取得了很好的视觉效果，而且也突出了与环境互动的主题。

与近年来欧美其他高水平公共空间雕塑一样，《未来之花》的艺术效果很大程度上来自高精度金属加工工艺和计算机模数化设计，其加工过程集合了知名的可持续工程公司XCO2和优秀结构工程师的力量，属于强强联合和优势互补的合作典范。

从宏观背景下看，《未来之花》也是英国"城市复兴"的有机组成部分，其资金由英国西北开发署资助，作为默西河滨水区再生计划的一部分进行竞赛招标设计。该计划目标大胆，内容广泛，包括清洁闲置、受污染的土地，为本地创造了1100个就业机会并营造一个现代化、享有足够休闲设施的商业办公环境。甚至，这一"花"的灵感就源自默西河岸边这种自然和工业的相遇，也可以看作是艺术来源于生活的具体表现形式。总体而言，以作品本身的艺术质量和创新理念为基础，加之适当的宣传力度，《未来之花》已经成为英国北部柴郡威德尼斯地区复兴的象征，当地人普遍对该作品能吸引更多观光客与投资者充满信心（图3-23）。

图3-23 《未来之花》

2. 互动典范

*IDEA TREE*是近年来植物仿生公共艺术的最新代表作。作品落成于美国圣何塞McEnery会展中心。作为一件永久性互动公共艺术品，*IDEA TREE*坐落于两个公共空间——凯撒查韦斯广场和瓜达卢佩河公园之间，所在地人流密集，因此作品在互动上下了很大功夫，体现出植物仿生与声光电互动两种公共艺术日渐统一的趋势。

*IDEA TREE*并没有以某种特定的"树"为原型，而是进行了大幅度的艺术化处理。树冠抽象为直径为40英尺（12米左右）的圆弧，限定了空间，大量"树叶"点缀其上，营造了微妙的光影变化。

先看生态属性。*IDEA TREE*的材料力求做到生态和坚固并重。树叶的材料是半透明的聚碳酸酯板。我们知道，聚碳酸酯板是一种抗冲击，具有较强刚性保持力，有很好尺寸稳定性同时又具有生理惰性，适宜与食品接触的无味、无臭、无毒材料，不会对人体及环境造成污染。这种材料，不仅极为符合环保的要求，而且符合永久性公共艺术品坚固耐用、可维护性高的要求。

再看视觉美感。视觉美感突出是*IDEA TREE*作为植物仿生公共艺术存在的关键与核心。如果梳理世界范围植物仿生公共艺术的发展就会发现，纯粹的形式感与功能往往是存在矛盾的。过于看重形式感，承载的功能就会减少；过于重视功能，在成本一定的情况下，又会影响形式美。英国苏格兰的《凤凰之花》为了形式感而放弃了大多数主要功能，仅能遮阳和乘坐休息。以后面以色列《电子树》为代表的大多数类植物仿生公共艺术又为了功能和量产而放弃了形式。因此一部分艺术家开始另辟蹊径，力求通过形式创新来兼顾形式感、功能和可维护性，那就是将视觉与功能单元分置。*IDEA TREE* 通过作品附近一个2米多高的"种子"（也可理解为果实）形式的曲线雕塑来提升作品的互动性和生态属性。其本身可与人互动，通过感知周边人群的存在来召唤人们来到身边，录下自己的声音、灵感、感触和话语，并通过树冠中的扬声器播放。系统本身还会根据算法进行一定的过滤和挑选，从而实现场地文脉的传承。消耗的有限能源也通过太阳能发电获取（图3-24）。

图3-24　*IDEA TREE*

通过将视觉单元和功能单元分置，作品在很大程度上实现了其他植物仿生公共艺术难以实现的优美曲线感，而不会被硕大方正的太阳能电池板影响。应该看到，这一做法并不是 *IDEA TREE* 的创举。早在2007年美国的CO2LED中，作品为了考虑脆弱的芦苇形态作品，而将太阳能电池板安置于场地角落，两者分置保证了作品的视觉效果与生态属性。

二、植物仿生公共艺术设计要点

1. 基础材料具备轻质量、高强度与可回收性

材料是构成大多数公共艺术作品形态的基本要素，黑格尔在他所处的时

代以雕塑为例阐述过相关原理:"雕塑可用来塑造形象的元素是占空间的物质。"因此,材料的合理运用是植物仿生型公共艺术设计贯彻生态观念的基础工程。但是,当前对公共艺术生态材料缺少相关界定标准。植物仿生公共艺术作品大多位于公共空间,承担具体功能,特别要承受时间和自然的磨蚀,因此对材料的坚固性等指标要求很高。如果运用的生态低碳材料,在使用中因强度不够或其他原因造成游客公众受伤,就会酿成舆论危机。现有生态材料标准往往对应艺术创作室内雕塑,机械、孤立、浅层次地运用生态绿色观念,片面追求可降解性。按此理念创作的作品只适合于室内展览,其普遍特点是材料有机化带来形态的非永久化,比较有代表性的材料有冰、木、竹、废弃物等,不能满足公共空间艺术的工程标准要求。另一种相反的趋势是不加分析地套用建筑绿色材料相关标准而忽视艺术与建筑的区别,也对实现公共艺术的生态设计产生不利影响。因此,有必要先行对公共艺术生态材料界定标准进行研究,碳纤维等新兴高强度材料的应用正在为植物仿生公共艺术打开一片新的天地。

除了与生态公共艺术相近的材料要求外,还需要特别看到植物仿生型公共艺术普遍在形态上借鉴了植物的简单构型,因此实现巧妙构思和复杂功能相当程度上落在了先进材料的使用上。比如,法国的《风树》能够利用小尺寸风力涡轮发电,离不开对合金化程度高的单晶高温合金的利用,有效克服了传统铸锻高温合金的不足,与同样代表先进科技水平的陶瓷热障涂层综合使用,使得叶片在恶劣工作环境下具有极佳的抗热疲劳和抗机械疲劳性能。可以说上述大部分案例的构想得以实现,先进材料及其配套加工工艺必不可少。由此可以看出,对公共艺术的后起国家来说,扎实的材料科学基础,以及能够使最新材料成果运用于公共艺术设计制造的顺畅合理机制实在是必不可少的。

2. 排布上需进一步融入都市环境

相对于传统形式的作品,植物仿生型公共艺术更容易融入都市环境。因为,天然树木首先就是都市中不可缺少的固有景观之一,模仿树木造型、尺度的公共艺术是不会让人感到突兀的。另外,随着城市化程度不断加深,都市环境寸土寸金,再像纪念碑时代那样为每件作品设计独立的广场已是奢侈。公共艺术的布置方式必须顺应时代的发展,尽可能不阻挡交通流线。在这方面,植物仿生型公共艺术可以模仿树木的排列方式,如奥斯汀《太阳花》那样沿道路一字排开以节省空间,或者如 *Warde* 那样成对布置于空旷空间中而不显喧宾夺主。总体而言,此类公共艺术在空间中的排布方式更近似于景观园林而非雕塑。

3. 需要采用互动技术以实现社会效应

植物仿生型公共艺术更方便采用互动技术。毕竟，追求与公众互动一直是当代公共艺术设计的重要目标之一，在这方面，由于植物本身即有生命，相当多的种类能够对外界刺激做出反馈，因此植物仿生型公共艺术采用与人互动的技术更易为公众所接受。而且与几何形体或动物造型公共艺术相比，植物型公共艺术与人的互动更不具威胁感，这都对营造社区空间的积极友好氛围大有帮助。

4. 功能越发强化且实用

由于植物本身就具有遮阴、通过光合作用转化能量、吸收二氧化碳并释放氧气等功能。因此植物仿生型公共艺术具有这些功能就变得顺理成章。由于新材料、新技术的采用，植物型公共艺术的此类功能远远强于同尺度的天然树，这在当前城市热岛效应加剧、空间日渐逼仄、空气污染状况愈发严峻的形势下具有积极意义。

5. 夜间照明逐渐基于清洁能源

夜景照明是公共艺术作品视觉效果的重要来源，也是设计与维护的重点。因为艺术作品相对而言缺少使用功能，不能像建筑一样通过为使用者提供经济服务的过程实现内部照明，因此采用何种照明方式关乎能耗和排放等因素。目前国内技术条件下主要依靠大功率射灯实现外部照明，在至少数十年的寿命预期内要耗费大量能源，造成可观的碳排放。在这方面，以轻质高强度合金为基础结合新型光源的公共艺术作品由于自重轻，可以依靠风力或太阳能发电照明，既活跃了不同时间段和自然条件下的视觉效果，又节省了全寿命期内的维护难度与维护成本，为全球低碳环保潮流做出表率，是非常值得国内城市借鉴的举措。

6. 技术哲学层面还需深入思考

如同机器人在工业生产以外领域普及时，必然会受到人们从伦理学角度的审视一样，作为一种具有技术和美学属性并深度介入社会生活的新生事物，植物仿生型公共艺术有必要经受技术哲学层面的审视。从积极视角看，原本可能以任何生硬甚至丑陋的机器形态出现的功能设施，现在以更易为人们所接受的生态形象出现，这应该是一种进步。但从相反角度说，用一棵高科技的人造树或人造花替代天然植物的必要性有多大？人类追求的是否是一种矫饰的生态中心主义？当我们身边越来越多高科技的人造树、人造花出现，我们是否越来越接近科幻电影中的虚拟世界？ 这些问题都值得我们认真分析，并基于中国国情进行决策。

三、植物仿生范例——《感谢平凡》

设计者：曹嘉惠 天津大学建筑学院

指导教师：王鹤

设计周期：6周

主题意义：8分。

作者的意图首先以保护环境为主，其次是表达棉花这种重要经济作物背后的朴素人文意蕴。

形式美感：8分。

整体美感优雅，注重对称，形体和谐。造型适合集中使用。形态生成过程明确。

环境契合度：8分。

方案本身占地面积较小，圆形轮廓便于与周边环境与联系。相对独立的结构，便于根据环境尺度和空间形态增删数量。与环境契合度高。

功能便利性：8分。

功能上一方面是为环境提供照明，另一方面注重可供多人乘坐，并安排了木材这种具有生态属性且来源易得的材料进行制作。符合人体工程学基本原理，与所在商业步行街等特定环境的空间特征契合度高。

图纸表达：8分。

建模手法朴实无华，平面图、立面图展示准确，效果图氛围得当。单幅横向排版，注重黄金分割的使用。细节充分。对植物仿生型公共艺术的排版有较好的启发作用（图3-25）。

图3-25 《感谢平凡》

第八节
声光互动公共艺术设计要点与范例

声光互动公共艺术的设计，首要重点在于作品与人的互动途径。这一途径，目前可以分为与人所处的位置互动，与人的动作互动，与人的表情互动，与人的声音互动等。我们可以借鉴控制论中的相关概念，将单一作品单位时间与游客互动的数量，成为互动通道，比如一件作品同时能与20~30位游客或观众互动，即互动通道达20~30。互动通道不是评价声光互动公共艺术质量高低的唯一标准，却是开展设计的重要依据。

一、声光互动公共艺术鉴赏

1. 多样互动——《光之生灵》（圣保罗WZ jardins 酒店外墙改造项目）

巴西圣保罗WZ jardins 酒店外墙已有40年历史，而后经过巴西古托·雷克纳工作室（Estudio Guto Requena）的精心改造，酒店外墙又以全新的面貌出现在世人面前，该项目名为"光之生灵（The Light Creature）"。改造后的外墙由金属薄片构成，为30层高的酒店提供可视化的立面，在白天，该立面是像素化的蓝色、灰色和金色表皮，外墙置有的多个麦克风能够捕捉周边环境的噪声，噪音对整个流动型外墙的形态和动态产生影响。图案通过改变自身色彩，与周边环境形成交互，对空气质量、声音等刺激要素作出回馈。

当夜幕降临，这一带有生物特征的外墙也会随之苏醒。设计师在金属薄片制成的外墙内设置了200个条状低耗能LED照明装置，在城市、居民和酒店之间创造出交互式动态效应。在移动互联时代，为了给公众提供互动途径，设计师还设计了一款与外墙匹配的APP，人们可以利用这一应用自己与"光影生物"进行互动。使用者打开APP，通过触摸屏幕或发声，手机便能够将数据传输至酒店外墙，从而在外墙上直接显示出光影变化，实现了最具有移动互联时代特色的互动途径。

需要看到，古托·雷克纳工作室近年来在设计界声名鹊起，特别是其首席设计师古托·雷克纳（Guto Requena），他比巴西同一代年轻设计师更为大胆和锐意进取。该工作室打造了可变化形态的房间，设计了从噪声转化来的

3D打印座椅，并特别注重互动，比如其著名的互动酒吧，从形式、技术与互动途径等角度为《光之生灵》这样的作品奠定了基础（图3-26）。

2. 与生互动——《声波》

声光互动公共艺术的出现既依赖于技术的进步，也与公众对公共艺术创意思维的接受度有关，还取决于维护和保障的力度。由于多方面原因，近年来中国在声光互动公共艺术领域进展缓慢，但这一状况被位于湖北襄阳的《声波》的出现所打破。

《声波》由Penda建筑完成，位于襄阳中华紫薇园入口，是目前中国将声光互动功能较好融合后打造的新形态公共艺术之一。中华紫薇园位于中国襄阳襄城区尹集乡，占地15000亩，是全国最大的专类植物园，以襄阳市花紫薇为主要特色，具有生态娱乐、休闲养生等功能。《声波》的引入提高了园区的知名度，反过来园区也为作品的建设、维护提供了充分的保障（图3-27）。

图3-26 《光之生灵》

图3-27 《声波》

《声波》在形态上借鉴了景观的手法，并没有单一、明确的主形体，而是由分布在叠水景观中的500片钢结构（设计方称之为"穿孔钢鳍片"）组成，并分布在四个水池中。经过如此设计，游客在进入园区入口后宛如进入植物森林，可漫步其间寻求小径，开口不一，有的狭窄，有的开阔，得以产生丰富的视觉与心理体验。

这些钢鳍片的横截面一致，但高度有较大差别，主要是设计时将音乐、韵律和舞蹈等元素融入，作为打造造型的主要参数，从而保证作品在任何一个视角都呈现犹如诗歌或音乐韵律的高低起伏错落。在色彩上，作品呈现深浅不一的紫色，富于变化。这种色彩主要通过钢板电解钝化（阳极氧化）处理后在电解液和电流中浸泡着色的工艺完成。从而在保留不锈钢主要特性的同时，增强色彩表现力并确保其耐腐蚀性。

《声波》注重照明效果，每个鳍片均向顶部穿孔，内设LED灯带。500块钢鳍片形成联动，组成一个灯光照明系统。该灯光系统与广场音响效果连接，考虑到广场落成后将主要用于满足市民文化生活，特别是广场舞等，因此广场声音越大，照明系统闪烁的频率就越快，从而以直观的方式响应广场上的活动，形成一种大面积的互动效果。

除了较高的技术含量之外，《声波》还采用了反射、水体等相对传统的设计手法。亚光钢板虽然着色，但依然可以有限地反射周边景观，布置在水体中更进一步增强了反射效果，并与高度差、坡度、阶梯等综合设计，形成了一个技术含量高、形式丰富、互动性强的大型景观公共艺术综合体，体现了当前及今后一段时间内声光互动公共艺术发展的大趋势。

二、声光互动公共艺术设计要点

1. 与人的位置互动

与人的位置互动最为简单，应用最为普遍。通过动作捕捉技术，将人整体的空间位置移动作为声光变化的主要来源和逻辑依据，由此产生种种控制之中和无法控制的声光互动变化，与进入场域的个体或群体产生互动，从而提升作品的艺术效果。通过与人位置互动途径实现声光变化的公共艺术一大优势是能同时容纳更多游客与公众，互动通道更多，便于实现规模效应，烘托群体气氛。

2. 与人的动作互动

相比于人整体的位置移动，人的肢体动作同样能与公共艺术形成巧妙的互动，而且此种互动所需的动作幅度更小，对于作品所需的占地面积尺度、成本、造价都更少，与人类所习惯使用的游乐设施、游戏习惯更为相符。虽然由于互动途径限制，单一作品单位时间只能与单一游客互动，即互动通道有限，使得影响力有所下降，但可以通过集中布置集中使用。大规模使用来提升整体效果，容纳更多人的互动途径。

3. 与人的其他互动途径

除了位置与动作，其他声光互动公共艺术纷纷探索与人在其他途径的互动方式，比如人独有的面部特征、手部的精细动作、发出的声音等，或者借助技术手段，如手机应用软件，甚至于探索相对抽象的概念互动，体现出纷呈多样的局面，与人声音互动的 *EKKO*，与人手部动作互动的《发光体》等均是如此。不断发掘与人互动的新途径与新通道，是提升声光互动公共艺术影响力的主要技术路径。作品的不同之处在于，选择的途径不同，根本上决定了互动通道的数量。从这种角度来说，类似《光之精灵》那样主要依靠与环境数据互动，与人通过互联网，以APP为媒介实现的互动，互动通道数量不受限制，互动效果最为显著，可以被视为最有发展潜力的声光电互动公共艺术设计创新，在疫情常态化期间更是如此。

三、声光电互动公共艺术范例——《电波》

设计者：黄正元 天津大学建筑学院

指导教师：王鹤

设计周期：6周

主题意义：7分。

由于自身特殊的属性，声光电互动公共艺术与显著的主题意义有较大的结合难度。该方案以大量带有互动性质的光电装置为基本元素，力图表达网络环境下信息泄露对于隐私的影响。关注时事，具有一定社会意义，基本达到训练要求。但形式与主题的联系，还有待深化。

形式美感：8分。

方案选用典型的像素化为基本手段。注重空间变化，韵律有曲线美。特别是声光互动公共艺术着重在夜间效果下灯光变化的效果，为形式美感增添了一个维度。

环境契合度：9分。

方案立足大学校园，在布置的时候，考虑到了人行与车行的尺度，目前基本合理。但是需要考虑到在长期使用和维护过程中可能会出现的各种不确定因素，比如现有的尺度可能会允许普通车辆通过，但是对于超宽超限车辆通过就会有问题。所以，声光电公共艺术，还是要避免与交通流线有过大的重合。

功能便利性：7分。

作品显然具有照明功能，且应该尽力发掘其他领域可用功能，以提升作品的不可替代性。

表现方法：8分。

作品采用很典型的环境设计变体表现方法。利用平面图、轴测图表现出各个角度形式的变化，形式优美。

图纸表达：9分。

方案为单幅竖排版。深底色具有强烈的视觉冲击力，适合现场评图。方案着重强调了作品与环境的尺度关系。总体效果较为理想（图3-28）。

图3-28 《电波》

第四章

专题训练介绍——抗击疫情与公共卫生设计

4

　　本章选择的是特定学期课程思政训练课题：二维剪影设计手法在抗击疫情主题公共艺术教学中的应用，以展示一个完整的课程思政训练课题是如何从课题教学目标制定到课题教学内容设计、设计教学步骤与范例，以及最后通过引入社会评价机制，展现范例来实现教学目标。

第一节
"三位一体"的教学目标制定

实现知识目标、能力目标和价值目标的结合，是课程思政教学在教学目标制定上的重点，如何实现"三位一体"，需要根据实训要求精心制定。

一、知识目标：从宏观到微观知识精准传授

1. 宏观知识

使学习者全面了解公共艺术的概念，既掌握世界公共艺术经典名作，又了解该领域最新进展，在对公共艺术案例的鉴赏中提升关于现代艺术、设计的审美水平与公共空间审美意识，全面拓展知识范围。

2. 微观知识

通过教学内容与教学方法创新实现传统上需要海量时间阅读才能拓展的知识储备。帮助学生熟悉二维公共艺术的概念与最新发展，掌握公共艺术个案分析的正确批评方法。

二、能力目标：从创意到建造全链条能力培养

1. 创意能力

使学习者能够灵活学习掌握公共艺术设计的方法、要素和主题，在趣味实践中加深对公共艺术概念的认知，提升至关重要的创意设计意识。

2. 设计能力

能够熟练掌握二维公共艺术与环境的关系和剪影、插接、折叠、厚度拉伸等创新设计方法，并结合主题加以应用。

3. 建造与全寿命期考虑

使学习者保持对新理念、新材料、新工艺、新技术的敏锐感知，能够对公共艺术作品的生态特征、美学价值、宜居程度进行合理适度的设计，保持作品的可持续发展。

三、价值目标：树人—战疫—环保三位一体

1. 树人

结合"三全育人，五育并举"的目标，立足课程思政示范课程任务，发挥混合式教学优势，持续探索在专业知识中融入思政内容，实现高尚情操培养与正确价值观塑造，使学生有创新意识，有家国情怀，有工匠精神，并将学习与社会实践、扶贫支教有机结合。

2. 战疫

紧跟时事，培养学生大局意识，弘扬正能量，发挥艺术设计与创作的独特优势讴歌英雄，并能够用辩证唯物主义加以分析和创造，产生社会效益，为战胜疫情助力。

3. 环保

帮助学生树立正确国情观，了解生态文明复兴等国家方针，鼓励同学们为实现建设美丽、绿色中国的目标不懈奋斗。

第二节
教学理念

课题秉承"以学生为中心"的教学理念，强调打破思维桎梏的理念，注重过程评价，展现教学全流程设计，以达到理想教学效果。

一、教学重难点处理——打破思维桎梏，培养创新创意

由于学情决定，课堂内容首先应该思考公共艺术中的创意从何而来，从海外案例分析中看到的那些无论从形式上还是材料、工艺上均令人印象深刻的公共艺术作品是如何运用创意思维的。其实创意思维本身不是空中楼阁，在很大程度上是对现有知识的重新组构，使之焕发新的活力，指望灵光一现就产生新颖且具有可实现性的创意是不现实的。那些人们所熟悉的优秀公共

艺术本身，往往并非接受过传统造型训练的艺术家独立完成。从那些经典案例中可见，真正的创意思维不是灵机一动，也不是增大文献阅读量就能实现，在大多数时候来源于不同学科的碰撞与重构。培养创新创意精神的新一代工程师，正是天津大学"新工科"建设的重要内容。培养具有工程意识的第一代设计师、人文社科工作者则是"新文科"建设的主要目标之一。

二、教学全流程设计——理论联系实际，直面国家所需

新型冠状病毒肺炎的发生是 2020 年在中国前进道路上遇到的一个大挑战。在党中央英明的决策、医护人员勇敢献身的精神和全国人民的共同努力下，疫情在中国得到遏制。如何弘扬正能量，歌颂挺身而出的医护人员，需要有相应基础的学生们掌握具象形象的表现能力。在不同设计方法中，二维剪影方法最具有这一优势，因此根据视频讲授内容，鼓励学生积极运用创意思维，熟练掌握多种将二维图像转换为三维立体形态的设计方法，勇于创新并能根据环境特点加以熟练运用。

在做到创意设计与反映现实问题的同时，主讲教师还要指导学习者在创作中一定要坚持全寿命期理念，节省占地与用材，推动形成绿色发展方式和生活方式，让"绿水青山就是金山银山"的理念深入每位同学内心。

第三节
教学内容设计

基于二维图像的公共艺术是当代世界公共艺术中应用最为普遍的类型之一，虽然具有观赏角度受限制的不足，但视觉效果突出、鲜明、节省占地，因此应用广泛。由于这些特点，二维公共艺术创作设计在教学中易于普及推广，学习者易于掌握，只要注意扬长避短，就可以正确运用。因此，可以成为学习者快速掌握公共艺术设计方法，并与环境景观设计、城市规划、管理有机结合的最佳途径。根据教学大纲相应章节开展的训练中，能够有效表达

歌颂医护工作者的训练目的，在此过程中升华修养，培养审美情操，树立生态环保意识。

一、二维剪影公共艺术的特点与经典案例赏析

公共艺术范围广泛，因此重点通过与雕塑、设施、建筑、景观等相关艺术门类对比，帮助学习者深化对公共艺术概念的认知。剪影来自对事物轮廓的描述，轮廓又来自物体的形状，而不受光影、深度、体积影响的形状是辨识物体最基本的手段之一。传统上，开放空间中的艺术形式只可能是二维的壁画、线刻或三维的雕塑。但是现代公共艺术颠覆了这一传统认知，大胆采用具体形状的轮廓剪影作为主要表现手段（图4-1）。

公共艺术是一门动态中的实践艺术，通过大量最新案例的深度细致解读，帮助学习者了解世界各国近年来在此领域不断探索的最新成果。剪影型公共艺术利用物体最容易为视觉把握的侧面形状加以表现，能够直白传达信息，符合现代社会的心理需求。但是单纯的剪影只适合于从特定角度观看，对布置地点有较高要求。若是要在开阔空间中布置剪影型公共艺术品，就需要一定程度的改进。西班牙巴塞罗那米罗公园中的图书馆大门《孩童之门》就采用了队列人形剪影，姿态各异，富于运动感和生活气息，视觉效果新颖且充满谐趣，游客常攀附其上嬉戏或模仿其姿势合影，属于一件典型的二维剪影型公共艺术品，还具有一定实际功能。需要注意的是，由于剪影型公共艺术在观赏角度上的天然局限，以剪影为主要表现手段的公共艺术品必须巧妙利用地形，以保证人们观赏其正面而非薄薄的侧面。由图可见，这件作品的作者就使用了水体来限定游客的观赏角度（图4-2）。

图4-1　典型的二维剪影公共艺术《过天桥》

图4-2　《孩童之门》

二、二维公共艺术的教学要点

经过长时间教学实践，可以总结出以下公共艺术的六个教学要点，以提升教学活动的针对性：

（1）主题选择需契合场地文脉，通俗易懂，不易引起争议。

（2）二维厚度拉伸是转化二维形象为三维体积最简便易行的方法，具有醒目、直白的优点。

（3）合理根据环境空间决定作品尺度。

（4）注重充分利用LED等新兴照明方式，兼顾作品昼夜间效果。

（5）加入生态考量，尽可能利用环境资源，如风力、水力，提供供自身照明或其他功能的清洁可循环能源，从而降低对外部环境依赖，有效保护环境。

（6）注意扬长避短，合理借助环境整体设计化解视角有限的弊端，特别是要注意色彩在设计效果提升中的作用。

总体来看，公共艺术创作方法简单易学。课程通过轻松诙谐的教学方法，广泛运用案例分析，鼓励学习者大胆尝试创意设计，表达自己的主张，掌握设计全流程。

三、设计元素与训练要点强调

公共艺术创作与设计是培养成熟公共意识与发达设计文化的重要手段，而后两者正是构建现代公民社会与创意经济时代的关键要素。以当代大学生为教学对象，党的十九大提出了"培养担当民族复兴大任的时代新人"的战略要求，并且深情寄语于青年一代"青年兴则国家兴，青年强则国家强"。鼓励学生自主学习，自主了解时事。经过师生沟通，资料查找，学习中央精神，结合竞赛与展示要求，确定以抗击新型冠状病毒疫情中"最美的逆行者"——医护人员和其他行业人员英雄事迹为主要表现对象，对数量、形式进行规定，确定草图，进行严格的过程辅导，以达到应有的教学效果。

训练要点一：习近平总书记曾提到："满足人民过上美好生活的新期待，必须提供丰富的精神食粮。"❶这一要求对于本课程来讲，就是要坚持激发全

---

❶ 中央文献出版社. 十九大以来重要文献选编（上）. 北京: 中央文献出版社, 2019: 31.

体学生的创新创造能力，让非艺术类学生也能够学会用艺术创造的方式思考问题，善于将创新思想与本专业结合起来，为我国推动社会主义文化繁荣兴盛，加快建设社会主义文化强国贡献一份力量。

训练要点二：统筹推进"五位一体"的总体布局，其中一项即"生态文明建设"。习近平总书记在2013年4月2日参加首都义务植树活动时指出："生态环境保护是功在当代、利在千秋的事业"。❶在当今世界上，可持续发展已成为时代潮流，绿色、循环、低碳发展正成为新的趋向。在任何领域都要以保护环境为发展前提。对于当代青年学生，更应该将这一内容内化于心，在今后的创作和工作领域提高环境保护的意识，坚持可持续发展的理念。

四、表现对象选取与基础视觉训练

在系统开展设计前，先安排同学们根据社会需求与相关竞赛，开展便于操作的二维平面设计基础训练，强化对抗击疫情英模、事迹的感性认识，为后续设计奠定扎实基础。如《记录春天，记录你》，该平面设计的思路在于春天到了，疫情也已慢慢好转，抗疫一线的医生护士们终于可以出门感受春天的亲近，这幅作品的目的就是想记录这份美好。作品的主体由花朵和一名医生构成，外侧的录像界面仿佛把这美妙的一刻完整地定格，让我们每次回看，都能回想起这个令人难忘春天，不忘医生护士们的艰苦奋斗。方案形式简洁，充分讴歌了医护工作者的忘我奉献精神，对于同学们把握主题起到了积极的引领作用（图4-3）。

图4-3 《记录春天，记录你》

❶ 习近平. 习近平谈治国理政. 北京:外文出版社,2014: 208.

第四节
抗击疫情专题训练成果

一、《"疫"无反顾》

作者：翟翊淇

指导教师：王鹤

教师评价：该方案结合抗击疫情，歌颂一线医护工作者的英勇，主题意义突出深远，富有正能量。在形式美感方面运用二维剪影正负形手法，视觉效果醒目突出。对半透明亚克力、黑色钢材等材料质感与色彩运用合理，增添美感。方案目前对环境介绍有限，建议根据二维公共艺术的特征，放置在靠墙或其他限定观赏角度的位置，以提升效果和安全性。可以考虑适当和介绍、照明等功能结合。表现手法上采用便于使用的图像处理、增添投影等，增加立体感，结合环境表达，达到事半功倍效果。图纸表达基本实现设计初衷，各方面要素齐全，字体、字号合理，只是内容丰富度有待提升（图4-4）。

二、《记"疫"中的爱》

作者：苏畅

指导教师：王鹤

教师评价：该方案紧密立足疫情防控常态化的背景，选取疫情当中最具有代表性的形象，使用二维剪影的设计方法，采用正负形结合

图4-4 《"疫"无反顾》

图4-5 《记"疫"中的爱》

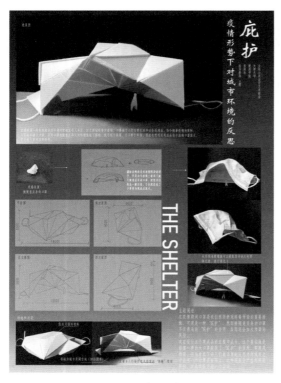

图4-6 《庇护》

的表现手段，视线通透，节省占地，节省成本，视觉效果醒目突出。充分达到所要表达的主题，使人们牢记这一公共卫生事件，并表达对最终战胜新冠病毒的强烈信心。主题意义突出，形式美感显著，与环境结合合理，不阻碍交通流线。图纸表达清晰优美，充分达到训练目标（图4-5）。

三、《庇护》

作者： 张颖昕

指导教师： 王鹤

教师评价： 该方案呼应疫情防控的主题是很显著的，也是当前所鼓励的。对口罩的形态进行几何化和抽象化，使之具有遮风挡雨的功能，具有一种空间的体验，从结构和落地性上也是允许的。但是总体还是带有一年级同学刚刚参加训练的特点，总体略显简单，如何才能表达出作者希望人们不随意丢弃口罩的主题，可能会有些困难，可能需要内部加入其他开放性的设施来进行弥补，融入某种互动手段。图纸表达上还需要丰富表现手段或图面表达效果，挖掘更多细节（图4-6）。

四、《束缚》

作者： 孙佳雨

指导教师： 王鹤

教师评价： 该方案集中表达了疫情防控下医疗废弃物与动物保护之间的协调关系。主题出发点比较理想，也有现实意义。但形式美感尚有待进一步提高。目前整体的背景显得相对呆板，可以尝试只使用二维剪影框架式的作品本身。与环境的关系也显得较为简单。作者构思了带有生态属性的新材料，是设计中的亮点，但值得进一步深入发掘。图纸表达当中对于整体效果的把控，色彩等元素基本达到要求，但都还有较高提高空间（图4-7）。

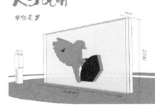

图4-7 《束缚》

五、《战疫》

作者：段泓宇

指导教师：王鹤

教师评价：方案本身呼应当前主题，弘扬正能量，使用典型的中国汉字二维厚度拉伸的方法。主题较为鲜明，形式美观较为突出。细节上不是很充足，部分笔画可以增加深度的变化，以更为丰富。在颜色的搭配上也有进一步斟酌的空间。最主要的是图纸表达，现在内容较为简单。排版边缘对齐等诸要素注意不够周全，需要大力改进（图4-8）。

图4-8 《战疫》

第五章

专题训练介绍——
庆祝建党百年公共
艺术设计

5

在许多专业课教师看来"思政"就是"政治"，然而并非如此。对课程思政中的"思政"的认知不能狭义地与政治或马克思列宁主义联系在一起。课程思政主讲教师要知历史、知理论、知政策、知学生。加强理论学习，强化自身党性修养，能够深入掌握并熟练运用唯物论、辩证法等马克思主义基本原理；对党和国家在经济、政治、文化、社会、生态建设等领域的路线、方针、政策有一定了解并保持学习。在建设的过程中，主讲教师对嘉兴南湖博物馆进行了较长时间的考察，进一步历练了思想、提升了情操、深化了对于党史知识节点的认识，并且通过大量的文献阅读，认真制作课件，为同学们讲述了党史发展中具有重要意义的数字、历史、人物、场景，对于在艺术设计如何将这些具有经典意义的场景、人物和年份转化为视觉形式，并在公共空间中成功发挥陶冶情操的作用进行了深入研究与探讨。

第一节
"三位一体"的教学目标制定

一、价值目标：立德树人——爱党、爱国——文化自信

本训练专题以立德树人作为教学根本任务，坚持以学生为主体，提高学生的爱党、爱国情怀，增强学生的文化自信，这始终贯穿课程教学全过程。课程以公共艺术作品设计为教学切入点，指导学生完成从创意构思、设计雏形、设计定稿到效果呈现，在创意构思中，教师根据国家政策、时代需求、社会热点、学科前沿等引导学生在家国情怀、绿色环保、科技智能等多方面的思考，启发学生的创作灵感，并让学生从中体会团队协作的重要性。通过开展建党百年设计训练，学生从课堂、书籍、视频、新媒体等渠道获取信息，按照设计训练要求，结合个人的创作思路，以作品表达对党和国家的热爱。同时，资料搜集过程也正是不断增强文化自信的输入过程，党的百年历史，从筚路蓝缕到蓬勃兴盛，新时代学子更应坚定跟党走、奋进新时代，向着实现中华民族伟大复兴的中国梦奋勇前进（图5-1）。

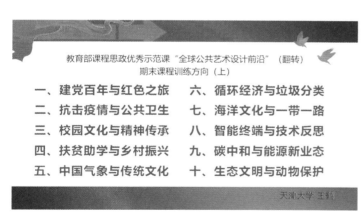

教育部课程思政优秀示范课"全球公共艺术设计前沿"（翻转）
期末课程训练方向（上）

一、建党百年与红色之旅	六、循环经济与垃圾分类
二、抗击疫情与公共卫生	七、海洋文化与一带一路
三、校园文化与精神传承	八、智能终端与技术反思
四、扶贫助学与乡村振兴	九、碳中和与能源新业态
五、中国气象与传统文化	十、生态文明与动物保护

天津大学 王鹤

图5-1 课程开篇

二、知识目标：以赛促教、知行合一，以成果显课程思政之本色

重视知识传授与社会主义核心价值观的同频共振。课程采用了线上与线

下混合教学方式，线上主要集中分享教学视频、教学案例以及师生互动，达到启发大家设计思路、了解课程目标的目的，并为线下课程奠定基础。线下课程中，教师从作品的创作伊始到作品成型展示，进行现场示范，结合学生动手实践与团队协作创新达到"做中学"的教学目标。本着课程思政体系化方法中，利用社会激励机制提升学习者收获感的原则，鼓励学生参加专业比赛，了解当前社会与学科前沿需求，紧跟时代趋势。安排同学们的训练成果参加竞赛，在专业技能提升的同时培养情操和涤荡情怀。

三、能力目标：从理论到实践，从创意到建造全链条能力培养

课程中结合社会热点讲解课程内容，提高学生的学习兴趣。在建党百年之际，大家在各大媒体平台、社交平台关注交流最多的即是我们建党百年的大事，以此为案例引导学生完成作品创作，既能够充分引起学生兴趣又为学生提供了表达爱党、爱国的渠道。

创意是完成作品至关重要的一部分，但作品更需要理论支撑与实践探索，所以线上课程注重基础理论的输出，线下课程对学生的知识内容进行拔高训练，并结合专业比赛等提出若干个实训项目，便于学生将兴趣与知识点相结合。坚持理论联系实际，保证学生作品紧跟时代潮流，使学习者能够灵活掌握学习公共艺术设计的方法、要素，在趣味实践中加深对公共艺术概念的认知，提升创意设计意识。

第二节
教学理念

一、教学重难点处理

课程教学对象主要是高水平院校理工类大学生。课程将广大课程学习者

分为"非专业"（建筑工程、环境科学、自动化等专业）、"通专之间"（建筑、规划、工业设计等专业）以及"专业"（公共艺术、环境设计等专业）三组。"非专业"组的合理方法是教学难点，他们共同的学习特点是对艺术兴趣浓厚，普遍具有较高的个人素质，但没有接受过专业造型训练，艺术知识渠道狭窄。

1. 教学重点

启发学生的创新创作思路，讨论交流设计与国家、社会、民族的关系，强调设计是在具体的文化环境下开展成型，设计作品应符合时代需求，传播新时代中国的价值观念，传承与发扬中国传统文化，反映新时代中国的审美观念与价值。帮助学生了解当前设计作品的重要性，不应仅是满足一次练习或作业那么简单，应时刻牢记自己肩负的历史使命。每一次作品都是宣传和表达的契机，应充分利用好这个机会，夯实专业技能，提高文化素养（图5-2）。

图5-2　调研中所摄嘉兴南湖博物馆中的红船

2. 教学难点

建党百年主题涉及大量党史知识，对年轻学子来说有较大难度。学习者必须在理论上跟上时代，不断认识客观世界规律，不断推进学习理念与学习方法的理论创新、实践创新、制度创新、文化创新以及其他各方面创新。

3. 对重点、难点的处理

激发同学们关注热点共鸣，发挥青年人有激情，关注社会时事这样一些优势，特别是发动其中的积极分子和骨干力量发挥带头作用。

基于公共艺术的高度跨学科特性，理工类大学生可以运用自身专业知识、技能和较强的理性逻辑思维弥补自身在艺术学习中的不足，发挥自身优长，取得良好成效。因此根据教学对象特点，课程借助知到等APP构建翻转课堂，通过宏观和微观教学目标的分置、教学评价手段的多样化以及不同教材和丰富课后资源的搭配组合来满足学习者的需求。

在教学评价方面，运用综合评价理论，允许学习者根据自身爱好、所长，任选公共艺术方案设计和公共艺术专题研究两种方式（还有调研报告、设计策划案等备选方案）结课，能够更全面客观地评价教学成果。

二、教学全流程设计

教学过程共分为课程导入、要点展开、案例分析、实训与讲评四部分。课程导入中选择学生喜闻乐见的形式，如视频、图片或是网络热评等，充分引起学生的讨论，结合头脑风暴，让来自不同专业的学生打破学科桎梏，充分将专业知识与本门课程充分结合，培养学生的自主探究能力。案例分析，以案例启发学生的创作能力，了解当前相关的已经成功的公共艺术作品是何种类型、何种形式的呈现。综合讨论案例，教师进行要点总结并将要点展开讲述。最后是布置实训内容、讲评学生作品。

专题训练：庆祝建党百年公共艺术设计

课程导入：理论联系实际，直面社会热点。分享建党百年与红色之旅的故事，引入话题，充分讨论，进行头脑风暴，让同学们主动分享自己的感受，教师以启发式教育，即通过公共艺术的专业知识，将教学内容及所思所想呈现出来。

要点展开：在导入过程中，同学们已经对本节课的内容有了一定的了解。本环节针对以上内容，讲解设计出发点，以图文并茂的形式重点展示我国改革开放的业绩与成就。实践证明了改革开放是当代中国发展进步的动力源泉，是党和国家实现中华民族伟大复兴的重要法宝，也是坚持和发展中国特色社会主义的必由之路。通过讲述党和国家的发展历史，总结设计出发点，提炼出多条可设计实施的实训项目，同学们可以结合自己的兴趣和所掌握的知识点去体会、感悟、内化与输出。

第三节
教学内容设计

案例分析是公共艺术设计和课程思政教学中的重要手段，本节课选用的是位于青岛的《五月的风》。

一、红色经典案例赏析——《五月的风》

《五月的风》是山东省青岛市的标志性雕塑，坐落于五四广场，设计者是黄震。这件作品高达30米，直径27米，重达500余吨。

《五月的风》直接取材于1919年最初爆发于青岛的"五四运动"，这场以青年为主力军的伟大爱国运动像一阵旋风席卷大半个中国，推动了社会思想的革新，在中国近代史上具有里程碑的意义。因此，旋风的形态和动态成为黄震构思的出发点，最终他选用大量带有"天圆地方"寓意的方横截面圆形几何体作为基本元素，利用符合形式美的复杂构成方式组合起来，使雕塑呈现螺旋向上并向周边发散扩展的强烈动感。主体造型内部还有一个红色不锈钢球，球体上方有一组横截面为方形的柱体直指天空，丰富了造型元素的视觉观感。整体造型简洁洗练，质感厚重，加之以火红色的喷漆处理，进一步强调了雕塑弘扬五四精神蓬勃朝气的主题（图5-3）。

案例赏析2五月的风 青岛

图5-3 《五月的风》案例讲解

《五月的风》的成功首先来自主题的深刻性，其次来自形式对主题恰如其分的表达。更为重要的是，《五月的风》提供了一种令人过目难忘的强烈视觉体验，在体量、动感、质感等方面都达到了较高水平。可以想见，这件大型雕塑作品的艺术成就除了雕塑家的形式美把握能力外，还与结构工程师的精心计算分不开。相关项目工程师在论文中特别谈及设计这一复杂结构时所运用的有限元计算方法，并指出为了降低最大合成应力值，第12层半圆环部分特意加大了尺寸并沿圆心偏移了一定角度，从而使第12层与第11、13层有更多的接触面积以改善受力结构。

从落成后的实际情况看，《五月的风》当属一件成功的作品，这一点从形式、主题、环境、材料工艺等几个方面均有所反映。首先，《五月的风》造型新颖、视觉冲击力强、技术含量较高，用独特的构成形式语言很好地诠释了现代性，即使在落成十余年后的今天，这一形式依然比较超前，能够有效适应相当长历史时期内社会审美思潮的变化。其次，作品主题深深植根于所在城市文化，思想积极进步，因此具有深厚社会认同度。

二、范例及设计方法

如何从建党百年中挑选最具有代表性的瞬间，用符合公共艺术表现的形式加以表现，既需要灵感和创意，又需要遵循科学的设计方法。本书在前面根据课程长期的积累和大量的训练，已经归纳出了现成品、二维、像素化等多种科学设计方法。在这一部分以三件高年级同学作业为例，在进行范例讲解的同时，介绍建党百年专题训练所适合运用的设计方法，为同学们提供启迪与参考。

1. 结构框架化——《星星之火》

教师点评：如前所述，对现成品进行表现的时候，结构框架化和表皮框架化都是成功降低成本、提高环境通透度的主要表现手法。在红色百年主题的创作当中，特别是对于长征等一系列事件的表现更需要框架化手法。

对于设计来说，以人物为表现对象会有困难，但以自然环境为主要表现对象，则能够用设计方法加以表达。在长征途中出现最多的地名是大山大河。山本身是一种尺度较为庞大的自然事物。如何成功用较低的成本，在现实可行的环境空间当中加以表现，就需要运用框架化设计手法。

这件名为《星星之火》的作品是参加2020年第二届大学生创意节的公共艺术设计作品。方案成功地宣扬红军长征的精神，挑选了红军长征途中经过的大凉山、井冈山、大雪山三座主要的大山，对它们的造型进行自身的发掘，以框架化为主要表现的手段，同时结合地面一体化布置，以赤水、渭水、乌江、金沙江、大渡河等在红军长征中经过的最具代表性的河流作为地面铺装的来源，并布置了大量的光源，以契合"星星之火，可以燎原"的著名论断，从而在公共空间当中营造了一件既具有宣传纪念主题，又具有形式美感，又能够有效降低风阻，提高环境通透度的公共艺术装置作品。

该作品可以在红色主题宣扬展示纪念活动中发挥自身的作用。当然，需要注意的是，框架化会降低对原事物表现的真实度。因此，需要适当结合文字、标牌或其他多媒体的表现手段来巩固观众对这一环境和公共艺术作品的认识（图5-4）。

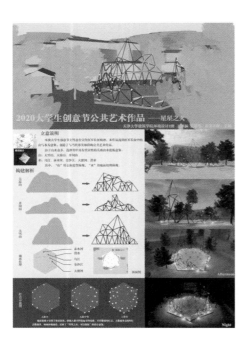

图5-4 《星星之火》

2. 厚度拉伸——《以史为镜》

对于将二维图像进行厚度拉伸以得到立体体积，从而能够适应公共空间环境的设计方法前文已进行了较为细致的介绍。这一方法非常适合建党百年主题公共艺术设计的训练，因为在中国百年党史当中有非常多值得深刻记忆的历史。除了以平面视觉传达的方法加以表现，还可以利用创新方法将这些年份数字进行厚度拉伸，使其在公共空间中占有体积，能够适应多样化的空间环境，并给人留下醒目深刻的形式。

《以史为镜》这件作品就是使用了简单的厚度拉伸设计方法。从1840年鸦片战争开始，中国人民开始百年救亡。作品中挑选了最为重要的历史时期，包括1921年中国共产党的成立，1949年中华人民共和国的成立等历史年份加以表现。作品设计能够适应多样化的空间环境，形式逻辑生成符合视觉美感，符合人体工程学，与环境契合度非常高，特别是能够与护栏结合在一起，使其作为护栏的支撑结构，设计尤为巧妙，从而使作品能够与所在环境长期并存，提升自身的生命力，使游人在游玩的时候能够感受到党史变迁，社会教育意义尤为深刻显著（图5-5）。

图5-5 《以史为镜》

3. 植物仿生——《丹火》

如前所述，植物仿生是一种近年来刚刚出现在世界范围内的新兴公共艺术形式。其本身具有鲜明的跨学科特征，是植物学、仿生学、设计学、建筑学、生态学等多个领域的成果集大成者。在今后一段时间的公共空间环境当中，植物仿生公共艺术具有极大的发展潜力。在能够实现遮阳、发电、无线网接入等新兴功能之外，植物仿生公共艺术还有其他市政设施所不具备的独特本领，那就是利用植物本身所具有的深刻人文底蕴，使之能够表达深刻的社会主题。

《丹火》这一作品来源于笔者主讲的国家一流课程"设计与人文——当代公共艺术"的课程训练作业。以中国北部常见的山丹丹花作为表现对象，这种一年一生的花朵，曾经因为革命歌曲《山丹丹开花红艳艳》而家喻户晓。作者很好地挖掘了山丹丹花背后所孕育的星星之火的精神以及军民鱼水情与革命火种的传承关系。与此同时，作者还深刻关注到了革命老区延安近年来的生态环境问题，将这种形式的植物仿生公共艺术作为一种改造环境，使环

图5-6 《丹火》

境提升承载力的设计手段加以运用。

作品本身综合运用了植物仿生公共艺术设计的诸多原理，高度忠实于植物原型。以六角形花瓣与玻璃的组合，组成45厘米长的座椅，符合成组使用、高低错落的设计原则。高的部分可以遮阳，低的部分可以乘坐。总体充分达到设计要求。不足之处在于设计深度挖掘不足。没有对太阳能发电进行自己的安排。作品本身存在少量尖锐锐角，容易形成安全隐患，或应该详细说明所采用的材料与工艺，如何能够适应公共环境当中长期的接触与损耗。在图纸表达上，还有较大深入完善作品的空间。形式美感也是如此。总体来看，如果进一步提高该方案的深度，可以成为主题意义、功能、便利性均较为出色的优秀作品（图5-6）。

第四节
建党百年专题训练成果

在实训与讲评环节，教师布置训练课题，以"建党百年"为创作主题，对数量、形式进行规定，确定草图。本着"稳教学目标、变教学内容、放教学评价、控教学过程"的原则进行严格的过程辅导，以达到应有的教学效果，并要求学生在创作中保持创意的新颖性、保持形式的科学性、保持过程的环保性。

在设计点评阶段，主要分为生选师评、生讲生评和生讲师评三种形式。本堂课根据进度，主要选择生选师评和生讲生评阶段，以清晰阐释课题训练的意义与要求。在这一节结合前面所介绍的课程理论与设计方法，对建党百年专题训练过程进行了讲评，大部分训练方案往往体现出工作量较为充分、形式运用复杂、较多运用成组布置、主题文案较为深刻等特点，往往普遍具有了使用现成品、二维、像素化、构成等成熟设计方法这样的特点，对主题意义也尽力进行了挖掘，充分达到了训练要求。

一、《华灯流年》

作者：李佳俐　孙浩楠

指导教师：王鹤

教师评价：该方案从一开始就奠定了以建党百年为设计主题，并且着重挑选了四个有代表性的时间段之中最具有象征意义的主题。这在很多文创作品当中是被广泛采用的。在转为现成品公共艺术之后，综合运用了视觉效果最为醒目、最节省占地、最不容易引起争议的二维形式，并挑选了最体现中国特色的天安门、火箭等视觉元素，整体视觉效果较为理想，且根据二维剪影公共艺术单体表现比较薄弱的特点，科学运用多组组合使用的公共艺术设计方法，以四件为一组，既具有更大的涵盖性，也对空间有更好的控制力，有效提升作品的工作量，并且能够满足不同年龄段观众的需求和喜好。作品在布置上综合考虑与环境之间的契合关系。特别着重强调与交通流线的统一，并且能够提供底座上的乘坐功能，满足公共空间中人们的实际需求，还能够利用踩踏发电等提供部分照明所需能源，活化所在环境。材料、工艺上也初步考虑到了落地性所必需的原则。方案整体形式统一，视觉效果醒目突出，能够达到在公共环境中对公众进行爱国主义教育的社会意义，同学们在训练过程当中也深化了对于建党百年的深刻认识，充分实现训练目标（图5-7、图5-8）。

图5-7 《华灯流年》1

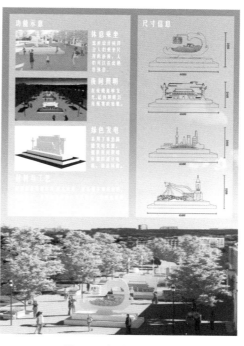

图5-8 《华灯流年》2

二、《燎原星火》

作者： 兰琳智　崔召晗　刘赜睿

指导教师： 王鹤

教师评价： 相对于《华灯流年》，《燎原星火》这组作品选取了更为抽象的视觉元素来反映建党百年、传承红色精神这一主题。作者的设计意图是挑选天津市具有革命传统意义的环境，综合考虑到开放空间当中人流环绕观赏的特点，以圆形为基本元素，通过切割等手法变形处理并符合人体工程学，使人能够穿越观赏，并表现出烈火燃烧，燎原星火这样的主题，主题意义显著。视觉效果经过多次切割变形后，形式元素醒目。鲜艳的红色具有较强的视觉冲击力，很好地契合了主题，并与环境有紧密的联系。作品在材料和工艺上也较为容易实现。

不足之处在于，在表现当中还需要注意与相应的多媒体等宣传途径相结合，以进一步突出党史科普教育的社会公众效果。部分元素的尺度还需要有所调整。目前，在一些地方存在锐角，可能会形成安全上的隐患。整体表现上文字较多，示意性的图样较多，应当进一步增大效果图的存在面积，保证文图比例合适。但也可以注意到目前的排版视觉效果鲜明，具有较强的视觉冲击力，对一年级同学的基础训练来说也可以作为一种常规路径（图5-9、图5-10）。

图5-9 《燎原星火》1　　　　　图5-10 《燎原星火》2

三、《渡佰——乘红船艺术装置，渡建党百年时光》

作者：钟翊嘉　王楚云

指导教师：王鹤

教师评价：《渡佰——乘红船艺术装置，渡建党百年时光》这件作品集现成品、二维、声光电互动等多种设计方法于一身，以嘉兴红船为基本现成品元素进行处理、变化，使之成为游客能够参与体验的艺术装置。但着重考虑到年轻观众和游客的审美，又对其进行了视觉上的变化，使之能够适应人们的观赏需求，并与环境更为通透紧密结合在一起。这是其一。

其二，作品又根据嘉兴红船的基本造型，将其分为三个大的部分，与建党百年历史上三个重要的时间段进行紧密地结合，在地面上有数字"2021""100"等，并运用了声光电互动的手法来进一步唤起观众的注意。同时结合半透明荧屏等新技术手段播放多媒体宣传片，可以使游客们在游览中学习党史。红船、天安门等红色元素的二维剪影还兼具了护栏的作用，将形式与功能结合在一起，表现尤为巧妙。整体作品主题意义突出，在形式上更贴合年轻观众的喜好，并且能够与地方旅游业的发展紧密结合起来。材料工艺成熟，落地性好。主题意义方面党史教育功能突出显著。总体设计较为成功，并具有一定普及意义（图5-11、图5-12）。

图5-11 《渡佰——乘红船艺术装置，渡建党百年时光》1

图5-12 《渡佰——乘红船艺术装置，渡建党百年时光》2

四、《百年华诞，不忘初心》

作者： 姬永琪　贾璐萍

指导教师： 王鹤

教师评价： "百年华诞，不忘初心"这件作品选取了与之前同学们都截然不同的设计思路。运用像素化为主要表现手段，结合厚度拉伸及二维剪影等标准的公共艺术设计方法，从中国传统甲骨文的形式出发，融入中国传统文化情怀，营造兼具立面和平面效果的纪念性公共艺术装置，献礼建党百年，实现不忘初心的信念。方案的构思从平面上看，接近于甲骨文中的百字，正立面则是带有透视感的阿拉伯数字"100"的形象。无论从空中看还是从地面看，均具有突出的视觉效果和醒目的人文意义。在附近还有以党徽形式出现的像素化作品作为补充。

像素化本身具有幽默的视觉效果，既有怀旧情绪，又体现着时尚前卫的双面性，是一种特别容易被年轻人所接受的艺术表现形式，已经被广泛运用在视觉传达、时装设计和其他的设计领域中。能够在公共艺术装置当中予以体现，并用于表达建党百年的主题，目前看来较为新颖。作品本身生成过程充分运用厚度拉伸、色彩运用等正确的手法，能够提供通过宣传表达建党百年、教育、乘坐、休息等实用功能，并且将建党百年与中国传统文化元素结合在一起，在主题意义上实现了"双丰收"，功能合理，与环境结合紧密，改进过程循序渐进，充分实现训练效果（图5-13、图5-14）。

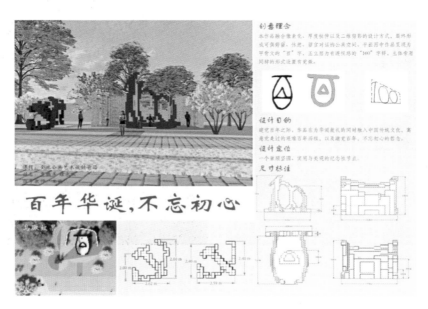

图5-13 《百年华诞，不忘初心》1

图5-14 《百年华诞，不忘初心》2

五、《破浪百年》

作者： 朱爱钊　吴尚轩

指导教师： 王鹤

教师评价： 该方案在形式上与上一组同样采取了易于掌握的二维剪影手法。二维剪影形式尤其降低了对空间的占用。以红船和海浪作为基本的形式元素，随风摆动。如作者所说，作品具有破浪的动感，可以歌颂建党百年来党的前进历程。作品设计与空间环境较为契合，适合观众游览，且不阻挡交通路线。在形式上基本实现了能够用海浪、红船等形式来达到"100"的视觉效果，与之前一组作品在形式逻辑生发上基本是一致的。

不足之处在于，海浪在抽象的同时对构成美感的考虑还有待深化精炼和斟酌。目前部分形体较为细碎，不够统一，影响了视觉观感。反映在结构上则是部分节点较为单薄。在长期安放当中和与观众互动当中，容易出现安全隐患，并影响作品寿命。作品的表现基本达到设计初衷，但是效果图逼真度有待提高。排版过于紧密也在一定程度上影响了视觉效果（图5-15）。

图5-15 《破浪百年》

第六章

训练流程解析——生态与人文关怀主题

6

本章以2020年春夏学期天津大学建筑学院建筑学大类基础课程"全球公共艺术设计前沿"为例,展现了10位一年级同学在生态与人文关怀主题的设计辅导全过程。课程采用充分混合式教学,同学们观看视频的学习时长与课堂面对面学习的时长比例合乎教学模式初始设计要求。这一章的生态、人文关怀和下一章的传统文化与校园文化主题,均不再全面介绍教学目标、思路,重点在于以师生对话形式阐释每位同学全部的在线辅导过程与面授内容。同学的设计方案主要由过程图、简介、感想与教师点评等多种元素组成。

第一节
生态公共艺术设计训练

生态保护是当代公共艺术设计当中最为重要的主题之一。近年来，中国众多大城市已经凸显出人口密度高、资源紧张、环境污染等问题的情况下，每一个与市政工程建设相关的领域都应该将可持续性发展放在首位。因此可持续发展理论对于认识与处理中国公共艺术生态发展问题具有重要意义，无论是满足不同时代城市居民建设及管理艺术作品平等权利的代际公平问题，还是公共艺术用材、耗能上的环保考虑等具体问题上皆是如此。一方面，大部分公共艺术作品本身从材料选址到形式都需要考虑生态的因素，另一方面从以科技、警示和原材料使用为导向3个方面开展的设计也具有自身完整的生态属性和主题意义。在这里准备了5份生态公共艺术设计的全流程，以展示课程思政教学生态保护主题的实训教学流程。

一、《海之影》

作者：刘继宇

指导教师：王鹤

1. 作品介绍

作品的灵感来源于我在世界地球日那天看到的关于海平面上升对人类城市威胁的文章，我希望用生态公共艺术的形式让人们更直观感受到沿海城市未来慢慢被淹没的情形。自然的改变虽然微弱，但乘以时间便是灾难；人类的力量虽然渺小，但乘以时间就是希望（图6-1）。

2. 辅导过程

辅导过程一：

学生：王老师您好，这是我的设计作品《海之影》，作品名称既是指作品在墙上的投影，模拟了海的光影，也代表着海对未来人类生活的影响。作

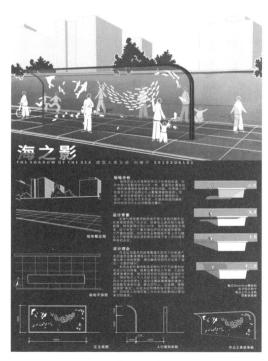

图6-1 《海之影》第一稿

品形式为生态公共艺术，创作出发点在于关注海平面上升对城市带来的影响，同时结合了城市街道环境改善议题。目前个人认为不足之处是还没有深入考虑其材料，而成品临时性、稳固性以及能耗的问题也是需要后期考虑的。之后还想加一些声、光、电互动的功能，请老师指教。

老师：作品想法新颖，我很喜欢。整体表现虽不炫目，却很清晰，具有较强的专业性。目前改进之处在于：

（1）作品设计中的大面积玻璃幕墙只有外框架，会有强度不足的问题，应该还要框架加强，即使稍微影响效果也可以。

（2）公交车站还应考虑互动性，可以增加相关实时路线更新、天气等信息提示，与人互动，提升信息含量，部分区域触摸后不再显示蓝色，而是开始显示互动信息。

（3）这种光影效果仅通过SU模拟是不够的，还需做一个小比例的真实测试，一小块玻璃实验都可以提高设计成果的可信度。

辅导过程二：

学生：王鹤老师好，本次设计延续了上次的大体思路，并继续深入，做了一些修改（图6-2）。

（1）调整了作品原有的尺寸，并在外部增加外框架，增强结构稳定性。尽管个人认为整体形式有些削弱，但更贴近公交站的实用性。同时，我认为可以以此件作品为一个基本的单元模块，在不同的地段根据客流量以及公交车站台的规模进行增加或减少。

（2）根据上次您提出的意见，作品添加了电子显示屏以及顶灯，并希望通过光感应器和红外感应器智能控制其开关。关于电子显示屏的选材，我最初的设想是用透明的触摸显示屏，但通过上网查询，发现其造价过于昂贵，需要一系列的外部辅助设备，而且由于技术的限制，无法做到在近处有非常清晰的画面显示，同时在维修上也是大问题。所以，我采用了另一种方法，在设计稿中有说明展示。

此外，在设计过程中，还有两个问题需要王老师指教：

（1）关于设计模型制作的问题。本次设计中，

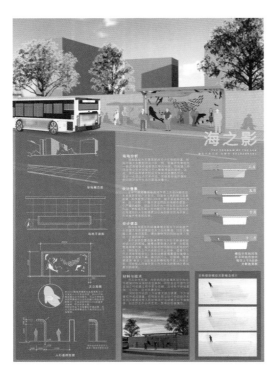

图6-2 《海之影》终稿

根据老师上次的指导意见，我做了一个简单的模型来模拟光效，因为没有合适的玻璃，所以用塑料来替代，但切割麻烦，且切面不太整齐。这样的模型是否可以用作最终设计成果的参考，请老师指教。

（2）关于太阳能电池板的问题。因为考虑到作为一个生态公共艺术，能源多为自给，但根据网上查到的资料来看：第一，常见的太阳能电池板尺寸规格不适合本件作品的设计规格，且造价高；第二，限于作品本身朝向和作品想要表达形式，太阳能电池板只能水平或朝北放置，所以能源的效益也并不高，再加上维护费用，总体来看，花费大于收益的。因此，没做太阳能板。

老师：修改后设计整体进步较大，达到了比较理想的效果。关于模型问题，做还是比不做要好，但是现在可以不用让它来模仿光影的概念，可以用它来强调一下与人的尺度和空间的关系；关于能源问题，设计作品的初始目的是与公交站相结合，它们放在公路沿线，周围基础设施比较密集，应该有外接能源，也不会很麻烦。

3. 教师评价

设计方案关注生态视野中的海平面上升问题，并将生态警示与街道环境改善、公交车站实际功能提供结合起来，思路独到，表现形式巧妙，不追求炫目效果，利用看似稚拙实则有深度的投影手法，结合自然变化因素表达主题，成本低，效果可控，维护难度小。图纸表达也逻辑清晰，细节完整。后续改进主要集中于在主题之外对公交车站实际功能的完善，以提高设计作品的可实现度。

二、《北极熊的声音》

作者：蒋孟凌

指导教师：王鹤

1. 作品介绍

本次公共艺术设计的选题是生态环境保护。全球变暖对地球生态环境及生物生存影响巨大。该设计选取北极熊的形象来表达作品主题——呼吁人们行动起来，共创北极熊以及人类生存环境的美好未来。

2. 辅导过程

辅导过程一：

学生：王老师您好，我选择的题目是生态保护主题的公共艺术，以下是我的初步构思：

为了生存和发展，人类需要能源。化石燃料目前仍是人类使用最多的能源。在人们过度开采和使用化石燃料的过程中，产生了大量的温室气体，使温室效应不断积累，全球变暖现象不断加剧。全球变暖会导致冰川消融、海平面上升等一系列危机，不仅打破了自然生态系统的平衡，还对人类自身的生存造成威胁。

电灯泡是人们日常生活中常用的电器之一，象征人们对资源的开采利用。灯泡内部是融化的冰山和一只无助的企鹅，也有灯泡导致的热量使冰山融化的意思。电灯泡尾部通过电线连接至岸上的一个插座上，另一只企鹅试图把插头拔下拯救自己的同伴，并张开翅膀想要呼唤求助。借助水的遮蔽性（不知道这里算不算）只露出一半的灯泡，更有种冰山融化成水的感觉。通过这件公共艺术品，我想以一种含蓄而有趣的方式启发人们反思和关注全球变暖等一系列生态问题，提升生态意识（图6-3）。

图6-3　最初概念

目前的想法是把水中的部分和岸上的企鹅形象做成二维剪影形式，插板和插头做成现成品的样子，灯泡框用（不那么鲜艳的）红色，整体是红白灰黑的感觉。功能上我只能想到把插头这片做成乘坐功能，然后夜晚灯泡框可以亮起来提供照明功能了。

期待王老师的指导，谢谢老师！

老师：方案内容很丰富，思考也比较深入，不过现在需要指出4点相对的不足。

（1）公共艺术以及类似的雕塑艺术形式不强调讲故事，而更强调的是一个具有联想性和象征性的瞬间。所以现在由企鹅营救另外一只企鹅，去拔电源，这样的内容太复杂，相信你在其他的公共艺术当中也没有见过类似的形式，建议精简。可以就保留灯泡，就保留冰山，或者就保留企鹅拔电源这种比较幽默的形式。

（2）白炽灯泡的使用是不是合适？和你说的不同，现在全国范围类似的白炽灯泡已经大量开始淘汰了，人们都知道它是一种高度消耗能源的方式，目前大量使用的是LED和其他光源。

（3）企鹅生活在南极，南极是大陆，南极面临的全球变暖的影响较小，全球变暖对于北极影响较大。换言之，全球变暖对于北极熊等动物会有较大的影响。

（4）最后我感觉灯泡和电源放在水里不一定是一个很合适的形式，总会给人跑电的感觉，它们其实放在平地上就可以。

辅导过程二：

学生：王老师好，上次得到您的指导后，我做了一下方案的改进。

目前的整件作品采用现成品与二维公共艺术的手法，根据北极熊和插座的形态进行不同厚度的拉伸，最宽处为作品长度的1/13左右，以丰富层次感。底座尺度恰好供人乘坐，晚上可提供照明功能。

（1）简化了之前"企鹅救企鹅"的复杂思路，保留了"拔插头"的思路，并把形象换成了受全球变暖影响更为严重的北极地区的代表动物北极熊。

（2）打算加入与"生态"有关的功能。我查阅了相关资料，第十八届江苏省青少年科技创新大赛中，有选手设计出了通过在地板下安装气囊、发电机和蓄电池，使人坐着也能发电的装置。我想让人坐在这个作品的底座上能够发电，结合插头的意向，更能突出使用清洁能源、控制全球变暖的主题。贮藏的电量可以晚上用于照明。

（3）改变了该作品放置的环境。我的想法是放置在公园的宽阔空地上，公园人流量大，可以为人们提供休憩空间。而这样也能使更多的人看到这件作品，将主题警示意义更好地传播（图6-4）。

图6-4　逐步完善

老师：这一稿丰富度和工作量比较充实了。关于它们三者之间的关系，我发了一组英国纽卡斯尔大学校园内公共艺术《一代人》的案例。3个类似的人头像，他们有不同的表现方式，分别表达着过去、现在和未来。我们的3件北极熊作品是不是之间也可以有这种时间更迭的关系。这是一种方案，供你参考。它们放置的位置如刚才这样说很理想，可以沿着道路一小块区域曲折布置，彼此不一定让人看见，类似于中国古典园林当中移步换景的做法。部分区域放置踩踏发电就可以，否则整体方式成本会过高。或者基座能够让人坐上去，有压感发电就可以，成本技术都很好控制。发去空间布置上比较好的案例供参考。

辅导过程三：

学生：王老师好，以下是我方案的再次改动：

现在设置了3个北极熊的形象。第一个是像冰块一样碎裂的、垂头的北极熊，表示北极熊濒临灭绝的危险处境，引起人们重视。想把中间标记的深色部分作颜色上的区分，像一只小熊，以呼应第三个形象（一开始把中间直接留白了，不知道能不能与其他两个形象形成虚实对比？总觉得虚实对比好像发生在两个物体之间会更好，这里想请教一下老师）。第二个是之前拔插头的北极熊。第三个是写实的，嘴角上扬的亲子北极熊，呼吁人们注重生态保护，保护北极熊的未来，保护地球生态的未来。三个结合在一起，人们更容易理解到北极熊的形象，也更容易从三者的对比中理解到作品想要传达的观点。

目前，还有一个问题想请教老师。我一开始尝试让它们呈三角形布置，人们能从不同角度看到三个形象。但是这样无法保证每个形象背景的纯净性，除非在中间加一个三棱柱状的物体制造背景，但我觉得比较破坏意境，且仪式感有点强，不够亲切。我想把它们左右前后错落，平行布置，分别加上底座（有着破碎边缘的，流水一样较弯曲的曲线形的，较规则曲线形的），取在公园里一块树丛之类的纯净背景前，人们可以在其中穿行，更有一种互动的亲切感。然后把这一片区域都用上脚踩和座椅发电装置（图6-5）。

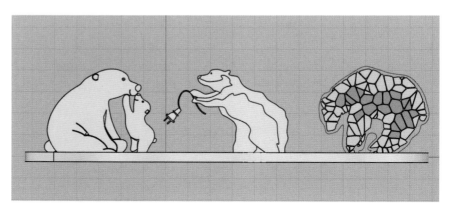

图6-5 概念成型

老师：现在的思路比较简洁，形象也比较幽默，让人更容易理解了。变成曲线之后，方便不方便表现还需要再考虑，但是现在看来，就大作业来说，工作量不充足，特别是二维公共艺术本身具有相对简单的特点。应该变为两到三组北极熊的不同动作，都与这一主题有关，形态比较接近。布置环境没有问题，需要有简单的基地分析。乘坐踩踏发电目前是比较成熟的技术，在世界范围的公共艺术，比如《云门》和它配套的《光场》等作品当中具有比较广泛的使用，可以进一步完善（图6-6、图6-7）。

图6-6 《北极熊的声音》完稿1

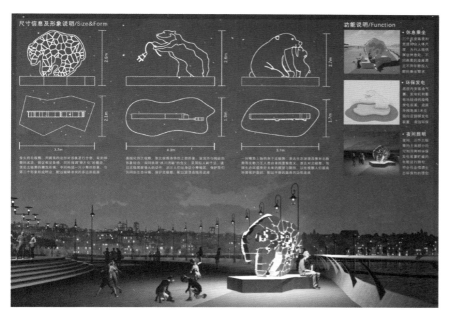

图6-7 《北极熊的声音》完稿2

3. 教师评价

该设计方案的关注点自始至终围绕全球变暖带来的环保紧迫性，着力于野生动物保护。作品形式简洁，视觉冲击力强，与滨水环境契合紧密，利用清洁能源发电照明进一步突出生态属性。在具体形式上经历了由"讲故事"不断简化，历经师生六轮讨论修改，最终能够科学运用具有象征性的北极熊视觉形

象间的递进关系表达设计主张，由立足国情到关注"人类命运共同体"的问题，成功警醒世人，受众面广，体现出广泛运用混合式教学，师生高效沟通的优势。

三、《失乐园》

作者： 洪泠竹

指导教师： 王鹤

1. 作品介绍

作品灵感来自报道中受到虐待的大象，被取角的梅花鹿，被取胆的熊，还有被割掉鳍的鲨鱼。我认为人们总是看到眼前的利益，却失去了最初的同理心。走私、偷猎、贩卖，如果不能阻止他们的枪口，也许我们可以选择利用公共艺术作品呼吁人们保持清醒，拒绝野生动物制品。

2. 辅导过程

学生：王老师好！我的主题是关于动物保护，由于相关软件也是一直在学习和摸索，所以这几个月也一直在更改和尝试，不足之处还请您指正（图6-8、图6-9）。

老师：模型建构较为理想，框架化的处理方式也是我们课程非常鼓励的。第一稿要修改的地方不多，只是增加相应的参照人物来表达作品的尺度。或

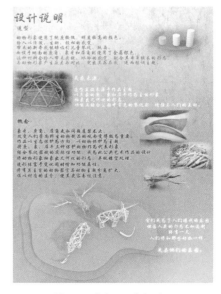

图6-8 《失乐园》初稿1　　　　　图6-9 《失乐园》初稿2

者用线描图来表达作品的高度也可以。应该对作品所在的环境有一个具体的介绍，如公园等环境类型。对是否采用生态性的材料和工艺也应有一定的介绍，以提升方案落地性（图6-10、图6-11）。

图6-10 《失乐园》完稿1

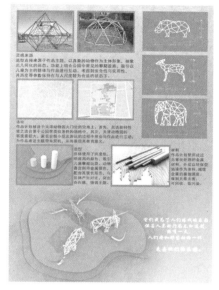

图6-11 《失乐园》完稿2

3.教师评价

该方案以动物保护为主题，成功运用对具象形象进行框架化处理的设计方法，消解对象的真实性，使观众更容易接受，降低细节表现难度，同时减少材料消耗。该方案降低风阻，降低了制作难度。而且游人视线可以通透，适用于多种环境。色彩运用也进一步丰富了视觉效果。后期的改进主要集中于与环境结合的关系、与人的相对尺度和设计细节的完善。通过鹿角等元素的分置，直面当前野生动物制品交易的尖锐问题，比单纯动物形象的使用更能进一步深化主题。

四、《削木为林》

作者：谭家奇

指导教师：王鹤

1.作品介绍

作品的灵感来源于制作模型削木头时偶然发现的"树的形象"。通过"削木为林"的方式，使一次性木筷获得树的形象。众多"假树"群群包围一棵绿色的幼苗，四面楚歌，孤立无援，这是人们最不想看到的未来。在设计过程中了解到一次性木筷对环境的破坏加深了我对环境保护的关注，也使我想要把这样的想法传达给更多人。

2. 辅导过程

辅导过程一：

这位同学的初稿一次性提交三个概念，这种做法十分有利于减少磨合时间和降低师生沟通成本，得以快速进入主题。

学生：（1）发掘。想法来源（意向）：折扇（传统艺术缩影）、半挖掘的化石骨头（寓意重新发掘）、DNA双螺旋结构（寓意传承）（图6-12）。

表达主旨：发掘和传承中国传统艺术。

（2）削木为林。想法来源：森林与一次性木筷的关系（图6-13）。

表达主旨：抨击滥用一次性木制品的现状，呼吁人们保护环境。

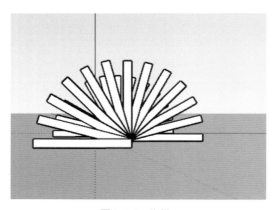

图6-12　构想1　　　　　　　　　　　　　图6-13　构想2

（3）呼吸困难。想法来源：戴着氧气罩呼吸的行人。

表达主旨：保护环境，可能与想法二结合。

老师：目前想法二比较好。首先来看想法一的不足。一方面像折扇，但另一方面更像一种渐变的构成美感结构。用化石来表达传承中国传统艺术也不是一个很好的想法。想法三中呼吸困难的问题也较明显。现在随着国家大量的治理，雾霾天气大幅减少，这不再是我们设计的重点。相比之下，想法二相对较好，是不是能够和一次性木筷尽快地结合起来。如果能够和手工模型结合起来会有很好的表现效果，发去案例参考。

辅导过程二：

学生：王老师您好，我按照想法二进行了初步的深化，请您过目

（图6-14、图6-15）。

老师：总体较好，有以下几点修改意见：

（1）基地分析。应该与细节展示在位置上左右对调。放在这里不一定很理想，因为这个地方人了解得很少，他们实际上应该放在一个更大城市、更多人流、意义更大的地方，比如木材博物馆、森林博物馆、生态可持续发展中心等。

（2）细节展示。两幅图分别要说明什么，最好配文对照，重点在于人的尺度关系还是平面布置点位等。模型生成过程如果留了过程，图片可以多放一些。现在生成过程太过简单，效果图光线理想，略有些肃穆，不改也可以。

（3）设计说明。说明不要叠压在效果图上，还是横排放在图下面为好。下部的内容可以栅格化布置更紧凑一些，字号可以略小。

图6-14 《削木为林》初稿

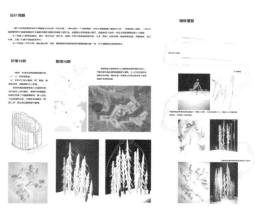

图6-15 《削木为林》完稿

3. 教师评价

谭加奇同学认真勤奋，第一次提交三个概念与教师交流，减少了提交—否定—再提交的沟通成本。在第二个概念上不断深化，紧紧抓住对不可再生材料的利用这一恒久存在的生态主题入手，有思考深度，易于与环境结合，且工艺可实现度高。选用手工模型，对形式美感有独到细腻的把握，经过师生四轮沟通并结合生生互评意见修改，训练效果理想。

五、《快递包装：生态之殇》

作者：李志超

指导教师：王鹤

1．作品介绍

一次取快递的经历，让我认识到了快递包装的浪费问题，并查证了相关调查数据，发现其浪费程度惊人，希望以原材料制作的公共艺术品来号召快递包装业态的"瘦身"转型行动。

经我调研，包装材料通常有胶带、纸箱、塑料袋、泡沫等，该用怎样的形式把这几种材料结合起来？老师课上讲解了植物仿生和像素化手法后，我联想到了被纸箱堆砌的快递树等形式。我又用地面铺装的线条将简单的单体组合，最终达到艺术性与功能性的统一。在老师的指导下摸索主次对置的组合形式，和谐处理色彩、尺度与环境的关系，视觉效果与主题深度都得到突出。

2．辅导过程

学生：王老师您好，邮件里交给您的是草图和草模，等方案敲定后我会重新做模型和图纸，模型的材质和图纸的美观程度也会进一步精细（图6-16、图6-17）。我有以下几个问题，希望您能帮我解答：

（1）尺度方面。我认为高度和半径都有待考量，因为是放在社区服务中心的门口处，要考虑跟门高度的关系以及人的视角。大概怎样才算合适呢？

（2）场地方面。我在现实中没有找到非常合适的例子，搜索背景素材也没有很多信息，我就自己建了一个场地草模。您看这样安排是否合适？

（3）材料方面。因为是采用非常见建筑材料，这样做在结构上是否不妥？

老师：这是咱们班自开学以来我觉得最巧妙的一个思路，第一张图的表现也比较不错。作品的尺度应该根据其所承担的功能以及人体尺度来决定，如果其底部的结构能够让人乘坐，那么就根据这一尺度也就是45厘米来制定其整体的尺度。另外，作品的位置不要像现在这样，而是应该相互错开，有一个点位的关系，因为单体比较简单，所以可以整体构思，顶层设计，大概放置4~5对。材料方面会有专门的设施材料，不锈钢、铝合金、玻璃钢等，不用照搬建筑材质。

图6-16 《快递包装：生态之殇》初稿1　　　　图6-17 《快递包装：生态之殇》初稿2

3. 教师评价

快递行业在为社会电子商务飞速发展做出巨大贡献的同时，也带来了严重的包装浪费现象。李志超同学观察敏锐，针对实际问题，经过调研与数据采集，对包装中不宜降解的胶带、泡沫等进行视觉化处理，直观形象令人触目惊心。由于主要形式尺度接近，因此处理两者关系经多次反复修改，由并列到分散，终于摸索出主次对置的合理关系，色彩、尺度、功能与环境关系最终处理得也较为和谐，视觉效果与主题深度同样突出。修改的次数不多，但全力投入，每一次的效率都很高。

第二节
人文关怀公共艺术设计训练

人文关怀主题公共艺术设计题材比较广泛，对于环境绿化、宜居环境的营造，对于现实问题的关注等都包括在内。对于同学们关注现实生活，提升敏锐观察力，增加人文情怀都有很大帮助。

一、《天桥万花筒》

作者：李文萱

指导教师：王鹤

1. 作品介绍

作品的设计感想源自雪莱的"一花一世界"，由圆形组成的座椅，上面开着五个窗口，通过"滤镜"的作用将绘制好的自然图片与周围的高楼进行叠加，从而达到"万花筒"的效果，带给行色匆匆的都市人们温暖与慰藉。

2. 辅导过程

学生：王老师好，我的概念来源来自一首诗：

To see a world in a grain of sand

And a heaven in a wild flower

Hold infinity in the palm of your hand

And eternity in an hour

——William Blake

翻译成中文就是：

一沙一世界，一花一天堂。

无限掌中置，刹那成永恒。

小小的我们置身于这个大大的世界，是否有时匆匆的步履让我们迷失了双眼？是否美好的事物故意躲藏起来，让我们不再注意？

于是，当我读到这首诗的时候，内心有种真诚的冲动——即创造出一个公共艺术品：可以让人停下来，发现美好。

我的思考过程如下：

首先，这样抽象的概念我将其解构为了两个具体的方向——停下、美好。

停下——在匆忙的地方创造休息。

美好——现状是"以大见小"，我们太多意识到了自己的渺小，眼光局限到都忘记停下来，让人们眼中装下美好；我想创造的是"以小见大"，从我们自身出发，从小处出发，却可以看到不一样的世界——这个看似平常无奇的世界。

关于地点，我大致的想法是将公共艺术建立在人行立交桥上。

在平日的人行立交桥上，人影匆匆，是来自各处的人快速通行之所。但是，有几点不足：一是未曾考虑人员的停留，二是较少设置休息长椅，三是其外观普遍方正，美感欠缺。因此，欲创造出一个外形是曲线（用以柔和棱角），并且可与人进行互动的公共艺术。

老师：目前的方案基本可行。人行过街天桥确实是一个比较新颖的环境，也有布置公共艺术作品的需求。方案能与特定建筑环境相结合，是课程非常鼓励的。万花筒在观看城市这一理念也可以接受。有了之前的训练基础，相信你也能完成得很好。在设计时候还是需要注意：

（1）背面形体简洁，不要影响桥下车辆，避免分散驾驶员注意力。

（2）在人行过街天桥上处理好作品的厚度，以不干扰交通流线。

（3）它的结构应该尽可能地轻，以不增加结构的负重。

（4）圆形的构成逻辑与搭配美感还可以进一步推敲（图6-18、图6-19）。

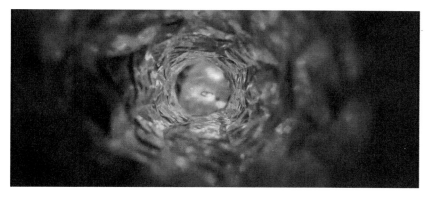

图6-18 《天桥万花筒》最初灵感

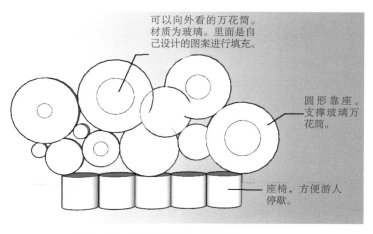

图6-19 《天桥万花筒》最初灵感

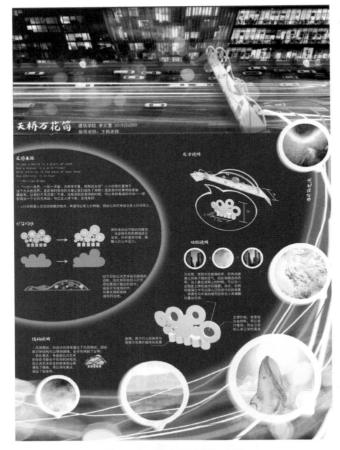

图6-20 《天桥万花筒》完稿

3. 教师评价

以空间紧凑的都市天桥为基地开展设计，在带来更多关注度的同时，也难免因为与基础设施更深接触而变得更为敏感，该方案大胆以富有诗意的美好理念为初衷。将万花筒理念优美、自然景色与构成感强的曲线结合，组成富于互动性的高品质公共艺术，作者勤奋好学，结合意见不断完善作品的结构合理性与安全性，并不断根据自身意境完善图纸表达，形成兼具绘画质感与工程理性的设计（图6-20）。

二、*Touch & Distance*

作者： 张抒妍

指导教师： 王鹤

1. 作品介绍

第一次做公共艺术作品，我想通过红丝带表达对于艾滋病人的关怀，因为这类疾病和群体在社会中是很特殊的，我们普遍缺乏对他们的关心和帮助。后来开始思考是否能把主题扩大到这次疫情，关注范围超出了艾滋病人，还有更多慢性病人，以及经历过大型传染病留下的后遗症痊愈者。特别是在疫情期间提倡"人与人之间保持一米距离"，但病人往往是更需要他人的关怀和亲近。大致确定手的形体后，我对它的材料也比较关注，疫情期间我们消耗了大量的口罩，而口罩经过回收再制作可以生成塑钢纤维，这种材料优点很多，在建筑方面也经常会使用到。

2. 辅导过程

学生：按照老师上次的意见，我把手分开，意思为"一米的安全距离"，但是我还是不太清楚颜色应该怎么用更能体现出疫情，老师您有什么细节方面的建议吗？

老师：用颜色直接表达疫情主题有困难。如果是表达对病人的关怀，可不可以结合现在的主题表达对于新冠患者的后期关怀？如何从手的颜色或者服饰上加以表达，也是今年当前抗击疫情一种情况，包括对于相关病人的心理康复的关怀，和避免他们以后遭到歧视，这样一个主题就升华了（图6-21~图6-23）。

3. 教师评价

与有的同学一上来就确定了合理的概念并在此基础上不断顺利深化不同，张抒妍同学的方案经过了多次反复，从一开始的不合理，到合理却简单和不完整，历经八轮修改一直不屈不挠，按照课程要求不断深化。学生尝试多种表现手段，使作品形式美感不断进步，但不变的一直是对弱势群体的关怀。结合抗疫期间切实存在的废弃口罩问题，在处理后作为作品材质之一，进一步提升了生态属性。

图6-21　*Touch & Distance* 的最初构想——红丝带

图6-22　*Touch & Distance* 完稿1

图6-23　*Touch & Distance* 完稿2

第六章　训练流程解析——生态与人文关怀主题

121

三、《同碎》

作者：张元

指导教师：王鹤

1. 作品介绍

我的设计感想来自对当前高速发展的社会中时间碎片化的热点问题的思考。通过表盘日晷与手机的不同尺度组合，表现在时间碎片化同时，电子产品的频繁使用也让人们现实生活中更加疏离，碎开的不仅是时间，更是人们交流的纽带。在深化完成课程作业的过程中，我在教学视频中了解了公共艺术的精彩，在师生交流中逐步深化方案。在学习中，我们有幸看到不同专业同学思维审美火花的碰撞，发现了公共艺术的包容和多彩，和同学们相互学习、相互建议，共同进步。

2. 辅导过程

学生：尊敬的王老师：

您好！

我是张元。经过第一次作业后，我在不同尺度下又做了一组，同时考虑到中国元素，第三组利用日晷。三组功能相同，在图片中也加上了基地说明。

在第二次作业的过程中，我觉得自己的排版有待改进，同时希望您能给出一些建议，谢谢老师。

谨祝教祺！

老师：（在看过第一稿后直接给出意见）思路比较新颖，目前的效果也比较完整。有这样几个问题，一个是元素本身比较西方化。参照人物和背景也完全来自西方，那么与中国特别是咱们这一次所要求的基地环境如何去联系？是不是调整一下。效果图也尽量不要选用全部阴面。尺度不大，特别是咱们只有一个作业，工作量显得不是非常得充足。是不是可以变成两组到三组？大小不一，功能不完全一致。作品单体之间还需有一个总体布置，这样比较符合作业充实程度的要求（图6-24~图6-26）。

3. 教师评价

对智能设备过度使用，是当代大学生生活学

图6-24 《同碎》初稿

图6-25 《同碎》二稿　　　　　　　　图6-26 指导教师为《同碎》修改排版

习中比较有代表性的问题，针对这一问题的反思警醒，也是课程思政教学紧贴时代的实践。张元同学利用现成品复制的造型方法，运用手机切断表盘等这样直白的形象语言，表达了对这一问题造成的时间碎片化的担忧与警醒。方案历经多轮修改，由浅至深发展为由三种规格组成，适应不同环境与人群需求的体系。图纸表达在这一过程中也有了巨大进步（图6-27）。

图6-27 《同碎》终稿

四、《背向》

作者： 苏琪

指导教师： 王鹤

1. 作品介绍

　　智能设备的发展为交流提供便利的同时，过度沉溺于屏幕之中而影响交流的现象也屡见不鲜。我希望通过背靠背的剪影形象、对话框和手机的组合，作为善意的提醒，呼吁人们走出"背向"的交流，珍惜面对面的点滴时光。在老师的指导和帮助下，作品从最开始的一组增加到了三组，并且进行了更细致的分析和表达。在这个过程中，自己也学习到了很多软件方面的知识，思路也越来越清晰。在功能方面，我设计了照明和涂鸦板的功能，增强作品与人们的互动性和趣味性。

2. 辅导过程

　　辅导过程一：

　　学生：老师您好，附件中是我的"全球公共艺术设计前沿"的作业初稿，目前还是一个初步的构想，做了手工模型，但是还有很多不足之处，下一步会努力做得更好。请老师指导一下，谢谢老师！

　　老师：构思很巧妙，是目前为止构思最为巧妙的一组。只是工作量不是非常充足。可以稍微增加几组。总体达到2~3组，工作量就会显得比较充足（图6-28）。

　　辅导过程二：

　　学生：老师您好！我借鉴了您在邮件中发给我的优秀作业，对自己的方案进行了一些完善，在数量上增加到了三组，并且增加了夜晚照明功能的图示，以及作品与公园中游客的互动关系。选择的建模软件是SU，渲染软件是Enscape，但是第一次尝试渲染，感觉效果不是很理想，而且感觉自己的图纸内容和排版都比较简单，下一步会继续学习相关的软件操作并且丰富图纸中的内容，争取做得更好。非常感谢老师的指导和帮助！

　　老师：苏琪同学进步很大，现在的不足在于深化程度。

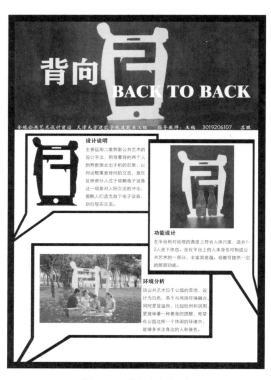

图6-28　《背向》初稿

（1）上方效果图视觉略显局促，以道路为视觉中心太靠近中间，从而显得呆板。

（2）剪影分析增加到了三组，但应该有文字或图解说明，否则不知所云。

（3）照明现在是一束光照着作品，应该是表现方法局限，如果不真实，就不必强求，如果做了就要真实，其实作品自身材料内发光也很好，柔和一些。

（4）图纸如果是A1设计说明字号太大，下部说明内容太少。与人互动应该有尺度或功能上的示意图，是人可以穿越，可以乘坐。

（5）缺少与环境的关系。作品在哪里？在公园吗？三者的点位关系如何？效果图应该与示意图一致（图6-29、图6-30）。

图6-29 《背向》二稿

图6-30 指导教师为《背向》二稿修改排版

辅导过程三：

学生：老师您好！附件里是我的第三稿。这次重新制作了两张效果图，调整了设计说明的字号，也增加了一些分析图。上次的图纸里因为对于Enscape的使用实在是太不熟练了，导致夜晚照明的效果图是一束灯光照在模型上。这次调整了一下，改成了模型本身在发光。但是感觉还是有好多不足之处，以后会继续改进，争取在下一稿中做得更好。谢谢老师！

老师：苏琪同学进步非常大。我比较满意，现在如果说改进，两张图应该有一个一和二的关系，现在两张图的大标题完全一样，效果图的大小完全一样，其实把字体简单调一下就能分出一个主次。所有的小标题字号都有点大，小标题的背景色也过于突出和不淡雅（图6-31、图6-32）。

图6-31 《背向》三稿1　　　　　　　　图6-32 《背向》三稿2

3. 教师评价

该方案同样聚焦于沉迷手机等智能设备，带来亲情、友情疏离的问题，但选用了另外一种即剪影造型方式，并充分发挥后者形象生动直白，占地面积小，可以表达具象形象等优势，通过三组不同形象的集中使用，弥补单体表现力的局限，以熟悉的形象带来强有力的警示意味，且适合多种环境。作者以高标准要求自己，反复五轮修改模型与图纸表达，深度、美感均不断提高，是业精于勤的典型（图6–33、图6–34）。

图6-33 《背向》四稿1　　　　　　　　图6-34 《背向》四稿2

五、《系》

作者： 张孜

指导教师： 王鹤

1. 作品介绍

运用身边常见的扣子作为单体，结合六度空间理论，将单体组合成为可以进行交流、休息的亭子，希望把人们"系"起来，呼吁人们停下匆忙的脚步，和身边的人、甚至是陌生人进行沟通。

2. 辅导过程

辅导过程一：

老师：（针对第一稿）张孜同学，很高兴你能在比较早的时候就和我沟通一下，公共艺术是一种比较幽默的艺术，即使是表达严肃的主题，也多强调利用幽默的手法表达，让人喜闻乐见。目前，表达抗击疫情主题，但现在的形式比较传统，类似于标准的纪念碑，而且相关病毒的起源是否就是蝙蝠现在还没有确定，如果一定要选择这一主题的表现，我发去另一门课程同学们现在的训练，他们可能年级更高一点，处理的手法更熟练一点，供你参考，再交流（图6-35）。

辅导过程二：

学生：王老师您好！我是2019级的张孜，上次您和我说了我第一版方案的问题后，我想了想，还是决定换一个主题，这是我的第二版方案图纸，除了方案本身，我感觉到我的效果图和图纸表达技术还有待提高，希望您能给出一些建议，谢谢您！

图6-35 《系》初稿

老师：张孜同学进步非常大。当然目前如果说存在的问题，就是它是亭子一样的设施，这类设施的一个共同特点——上部要比下部大，现在上下基本一样，就不太符合视觉稳定和形式美感。我发大量类似作业供你参考，同时它本身的颜色、周围环境的充实程度以及作品是否显得孤立是值得进一步思考的问题。也许7个纽扣的大小可以拉得更大，这是构成美感的问题。排版还不错，色调可以更好些。

辅导过程三：

老师：（针对再次修改版本）作品在总体的效果上，你所说的违和感来自这样几处：首先是主效果图，他们现在所放的位置，恰恰是进入后面建筑主场所的主要交通流线，是主要的通道，所以它所处的位置就非常阻碍人们的交通。而且从场地的阴影能角度来看，也不适合放在这里。它适合放在路边，甚至是建筑边，或者说是水边，一个不影响人们主要交通流线的地方。然后是第二张下边插画风格的。尺寸示意图风格很好，但是这些叶片之间缺少高低错落的感觉，太接近，这样就没有构成美感，构成美感就是用完全几何型的要素进行组合，它们之间一定要符合均匀、变化、对称、均衡、渐变、规律等形式美法则，那么现在它们靠得太近就不符合这一点。甚至如果参照人布置得也太均衡。可以两三个一组，有一定的疏密错落。参考改图。

第二张也可以把效果图放上面，其他内容还可以丰富一些，现在不够紧凑（图6-36、图6-37）。

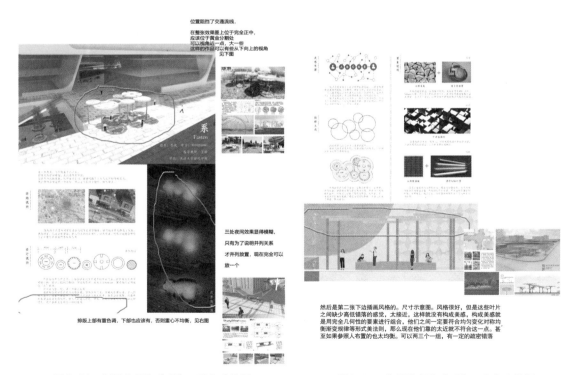

图6-36　指导教师为《系》二稿修改排版　　　　图6-37　指导教师为《系》二稿修改排版

3. 教师评价

人际沟通、交流在促进社会良性发展上有着重要作用，一直以来也是公共艺术创作关注的重点，但往往要求作者有较深的阅历与体会。张孜同学从亲身体验入手，结合功能环境，在传统设施中融入美好祝愿与优美视觉观感，历经六轮修改，形式感日趋完善，信息传达越发紧凑，在表达自己希冀的路上矢志不移，最终达到理想效果（图6-38、图6-39）。

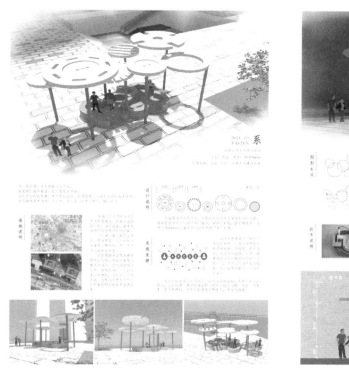

图6-38 《系》终稿

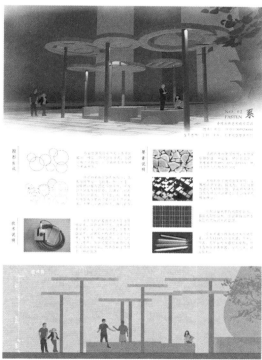

图6-39 《系》终稿

六、《城市之流》

作者： 朱晓飞

指导教师： 王鹤

1. 作品介绍

由车流延时摄影照片想到用交通工具现成品和厚度拉伸，抓住车流的线条，让人们知道自己经历的交通其实也是城市的律动，蕴含着交通的普遍性与个人的特殊性相结合的美。

2. 辅导过程

辅导过程一：

学生：老师，由于我时间安排欠佳和建筑类课程本身作业较多，作业提交时间较晚，还请老师谅解。由于计算机上的Rhino版本问题而无法导入Lumion内渲染，只能完全依靠Rhino。感觉自身还有较大提升空间，希望老师批评指正。

老师：基本达到要求，但是主题不够明确，与任务书的要求有一定距离。形式上略有些烦琐，内容过多。功能上应该挖掘，排版较为凌乱。建议大幅修改。

辅导过程二：

老师：针对第三稿修改的意见如下：

（1）标注信息字体过大，过于靠中，右移，缩小标题字体应该新颖一些。

（2）这段变化无论从图像文字间距还是字体字号都不好看，调到好看为止，否则删掉。

（3）中间线建议靠黄金分割线，靠中显得过于呆板，保证线左右黑白灰比例均衡。

（4）浅灰底上白字观众无法看清，换颜色，缩小字号，拉大行间距，再看范例。

（5）夜景效果图角度不好，不要被树遮挡。

（6）俯视图等小标题横放，右边也不是轴测图，要么放正确版本，要么删除。

（7）选址应该叫基地分析，按照逻辑应该放在第一张。

（8）说明问题同4（图6-40、图6-41）。

3. 教师评价

跨学科思维是公共艺术创意的主要来源，该方案从现代人熟悉的都市元素入手，借鉴摄影领域的形式语言，打造富于形式美感与实际功能的公共艺术，契合基地的人文内涵和空间形态。就过程而言绝非一帆风顺，从提交概念一共经历九轮修改，创下班级纪录，在数次我觉得达到训练目标时，晓飞的执着感动了我，如他对自己的定语"勤能补拙"，每一次进步虽不快，却坚定，整个过程虽漫长却快乐（图6-42、图6-43）。

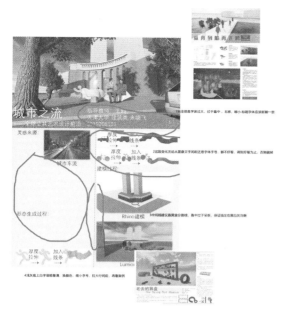

图6-40 指导教师为《城市之流》
二稿修改排版

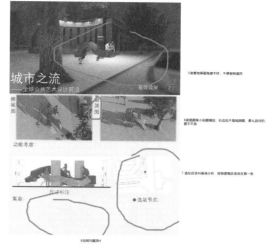

图6-41 指导教师为《城市之流》
二稿修改排版

图6-42 《城市之流》终稿

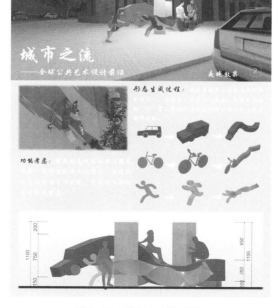

图6-43 《城市之流》终稿

第七章

训练流程解析
——校园文化与传统
文化主题

7

　　现代化的混合式学习减少了师生面对面的沟通与讲解，要达到育人目标就可能更多需要用在线等手段去加以弥补，因此在这一部分针对校园文化和传统文化的10位同学的作业中，相对减少了辅导过程，仅保留了一次师生对话。设计过程主要通过在线沟通等方式，结合见面课内容，做到全过程可循。

校园文化公共艺术设计训练

　　大学校园是具有独特人文环境氛围的空间形式。校园公共艺术在主题意义、形式美感和选址上需要特别注意，从而使自身能够成为校园文化建设的有机组成部分，在当前国家大力发展高等教育的背景下，校园公共艺术的健康发展与普及具有更为突出的意义。让大学生们——这些大学校园的主人公自己开展校园公共艺术的设计，用年轻学子的创意展现出独特的思考，并在这一过程中深化对于文化和对于校园传承的认识，充分实现课程思政训练目标。在这里准备了5份校园文化公共艺术设计的全流程解析，以展示课程思政设计教学的实训教学流程。

一、《你说》

　　作者： 罗圭甫

　　指导教师： 王鹤

1. 作品介绍

　　本设计旨在以心电图为形式轮廓勾勒一堵文化墙，在墙面印有以朋友的口吻道出的鼓励、信任和慰藉，希望学生能够拥抱自我，走出阴霾。同时也希望该作品能够推进我校校园文化的建设，为北洋学子建设祖国而助力。在辅导过程中，老师分别就我的墙面内容、主题深化、材料选择等方面予以了中肯的建议，这才让我的设计想法逐步落地。过程中深化了建模、渲染与排版的知识，提升了作品的表现效果。

2. 辅导过程

辅导过程一：

　　老师：（针对已经成形的方案）形态本身就很好了，不修改了，在设计说明主题方面提一些建议。还是可以结合天津大学校园环境、校园文化的建设为主题，通过这种心理的安慰，进一步为活跃我们校园文化环境的构建，激励北洋学子更多为国家做贡献。

辅导过程二：

老师：材料上，我觉得咱们要突出生态性和可回收性，可以采用回收的废旧钢材作为主体结构。利用生态环保涂料，进行表面处理。人可以乘坐和休息的地方，还用防腐木等其他的材料，以提升舒适度。看到周围有植物，其实本身也可以有一些部分作为花钵，放一些小株植物，进一步提升利用植物对人的治愈效果。

3. 教师评价

罗圭甫同学思路开阔，知识面广，经过本学期两门公共艺术课程三个课题的高强度训练，一直勇于尝试，勤奋刻苦，精神可嘉。本方案主题紧密结合校园文化与大学生实际情况，有效化解压力，弘扬正能量，有深沉的人文关怀，体现五育并举精神。形式优美，节省空间，环境契合度高。经过师生六轮修改，可实现度高，表现效果也进步显著（图7-1、图7-2）。

图7-1 《你说》完稿1

图7-2 《你说》完稿2

二、《静璃·疏影》

作者：杨雨菲

指导教师：王鹤

1. 作品介绍

本设计采用几何形状的有机玻璃组合成一位青年"思考者"和"陪伴者"的形象，献给所有拥有独立人格的青年。作业过程中在老师的鼓励下我开始自学建模，一开始经历了很多次失败，后来不断练习中决定用二维切片堆叠的方式，搭配灯光效果，呈现在夜间的一种通透的光影效果。至于在白天，我采用了当下很热门的感温变色技术，让作品与阳光相呼应，也有丰富的色彩。

2. 辅导过程

学生：王老师您好，我是2019级杨雨菲。我有一个想法，但做的时候遇到了困难，希望您帮我看一下，给我一些建议。

我的想法是一个二维公共艺术，通过不同材料（主要是木材）的拼贴组成一个人的剪影，然后配以乘坐休息的功能。初步的建议是放置在天津大学青年湖畔，面向湖面而坐。因为我想通过这个形象来表达当代青年追求独立人格，强调独立思考，但是有时候却感到孤独的主题，所以这个形象我既希望他是一个"思考者"也希望他是一个"陪伴者"。然后我还希望这个座椅的顶棚配有照明功能，提供阅读的功能。

因为我也是刚刚接触建模软件，所以不是很熟练。但是大致建了一个SU模型，截图给您看一下。我遇到的问题是，我觉得就目前来看，我的乘坐功能和整个作品的意境没有呼应起来，感觉有点平淡（图7-3）。

图7-3 《静璃·疏影》初稿

希望您能给我一些建议，您费心了！

老师：杨雨菲同学你好，公共艺术的社会主张是主要的，功能是辅助的，两者可以是7∶3或者8∶2，不必像现在一样两者5∶5。所以，乘坐功能与意境的呼应并不是主要的问题。如果想更接近设施，可以将座椅增加到2~3组。或者更换一下制作工艺，手工模型也是很有特色的（图7-4）。

首先肯定有进步，在艺术主张与实际功能间有取舍，效果也有点差意了

优点：标题名字的内涵和字体很好，切片表达的思路很好，但选用这种方式有什么优势，一般是节省材料与工时，降低立体塑造难度，要说明。

1地址选择一般叫基地分析。哪里的学一食堂。为什么选在这里，通人多、较文化气氛、还是与作品有什么关系

2灵感来源应该有配图

4尺寸标注一般用mm，而且最好配合剪影人物，更直观。　　　3日间效果图为何用两幅一样的，只有人的变化。图的使用要有表达设计初衷的意义

如果是模型，为什么总呈现一个角度窄，换一换。总体还有较大深化空间，达到我设想中你的结课水平的65-70%了。

图7-4　指导教师为《静璃·疏影》修改排版

3. 教师评价

杨雨菲同学的方案从自身体验出发，立足天津大学校园环境，借鉴世界经典雕塑名作范式，传达当代青年立志独立思考又渴望有人倾听的真实心声。方案历经四轮修改，一直力求在主题和功能间求得平衡，最终合理运用二维剪影造型手法，选用感温电子变色技术提升形式美感，为学子提供有灵魂温度的休憩交流场所，成功提升环境品质，弘扬校园文化（图7-5、图7-6）。

图7-5　《静璃·疏影》完稿1

图7-6 《静璃·疏影》完稿2

三、《折》

作者： 刘芷宜

指导教师： 王鹤

1. 作品介绍

在如今的数字化时代，人们习惯于沉浸在精彩的虚拟世界中——电子设备上阅读，在朋友圈看美景，在社交软件与人交流——而与现实空间的关系日渐疏远。"折"这一公共艺术作品在形象上生发于纸和波浪，在功能上旨在加强人与人之间面对面的沟通与交流。而天津大学最吸引我的就是校园中的湖。在这次作业中，我设计的初衷是创造一个让人愿意为之停留的公共艺术。因此，"折"最初的选址是在卫津路校区敬业湖和图书馆之间的空地上，浪花和书页使我将它的造型定义为"水的形态，纸的特征"。

2. 辅导过程

辅导过程一：

老师：（针对第一稿）整体的表现手法和基本功都是相当不错的，现在需要注意的是建筑和公共艺术还是有区别的，这就反映在你所说的材质和故事性上，在材质上公共艺术很少使用清水混凝土这样的材料，我们可以采用视频第六章中出现的生态材料及可降解材料的表皮，内部使用木片等材料进行填充，整体可降解，这是公共艺术当前追求的一个境界，形体过渡上可以通过故事墙或者对形体进行转折来表达我们的思路（图7-7、图7-8）。

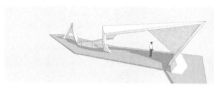

这是上个星期到这个星期对于过渡部分所作的修改，感觉上功能和外观有所改善。修改后的方案在SU模型里显得比较琐碎，但是渲染之后还是挺和谐的。

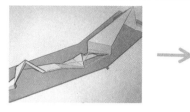
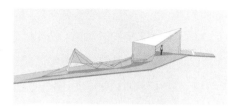

图7-7 《折》的概念图1

疑问：老师上个星期说使用生态材料，也就是可降解的表皮内部用木片进行填充，请问这样的材料要如何表示呢？是不是画图表示截面+文字表述就可以了呢？

图7-8 《折》的概念图2

辅导过程二：

学生：我开始设计这个是因为我身在天津大学卫津路校区，校园里水面的面积很大，但是湖边的空间利用却很单一，只是起通行的作用，然后有规律地摆放几张长椅，并没有充分体现这些湖的趣味，于是希望做一个湖边的公共艺术，不仅是提供休息的地方，更能增加人与人之间的交流，也把"湖"的优势利用起来。基本的造型是从微风轻拂湖面的波浪发展而来的。这些我还没有做成最后的图纸表达出来，所以不太清晰，但是我觉得在造型完成后图纸的制作是很简单的。

如果像老师说的一样要与校园文化结合，我的初步想法是与学校历史结合，在形体的多处加上凸起或者下陷的年份数字，用波浪的高低表达学校发展的高潮和所谓的"低谷"时期，不知道这样是不是合适。

希望老师指正！谢谢老师！

老师：还是要在文化深度上多投入，数字或者用其他形式表现出天津大学有代表性的一些历史大事件的年份就很好，低谷过于抽象，也不好找资料。

3. 教师评价

该方案从环境与形式出发，选用"折"这一适合滨水环境的形式逻辑，形态富于构成美感，人体尺度合理，融入多样化功能，利用更符合当代大学生需求的形式丰富校园文化。选用生态材料，结构简洁，可实现度高。从概念生成到模型构建的训练过程清晰完整，尝试初步的日照与功能分析也为今后学习奠定了基础（图7-9、图7-10）。

图7-9 《折》完稿1

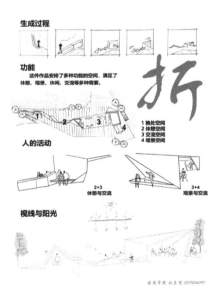

图7-10 《折》完稿2

四、《"悦"读》

作者： 王艺瑾

指导教师： 王鹤

1. 作品介绍

随着时代更迭与科技发展，人们的阅读方式发生了巨大变化。从古代文人手持竹简，演变到后来的纸质书籍，再到如今，阅读日渐数字化。设计中融入了阅读方式的变革，同时，书籍的消融、数字化也意在提醒大家，在如今电子书盛行时期也不要忘记纸质书的重要性。

在设计过程中，我参考了很多老师提供的作业图纸案例，并依据老师的建议在方案上做了较大的调整。同时我也自学了建模与渲染的相关知识。为了更好地了解天津大学校园文化，重读了天津大学校史，还将校歌歌词加入作品中。

2. 辅导过程

辅导过程一：

老师：（针对第一稿）看得出，第一次机图下了很大的功夫，也有一定的成效。现在的不足主要在于作品相对单调，造型上不够新颖，没有进行相应的渲染，与天津大学的特色结合得不够鲜明。我发一部分其他专业同学的作业、咱们建筑学高年级同学的作业供参考排版，以及其他专业同学的作业可参考校园文化（图7-11）。

辅导过程二：

老师：（针对第二稿）王艺瑾同学进步很大，我比较满意。分成两张图以后，工作量更充实了。但是现在两张图之间的逻辑关系还是要清晰，他们应该分为 part 1 和 part 2。现在看来，似乎一张是白天的景象，一张是夜间的效果，但是下部的细节又不完全如此，建议进一步做一个梳理，两张图有先有后，有主有次，有整体有细节。

像素化的部分可以和地面植被有一个交集，比如地面一些像素化的框内种花草等，这样和环境关系更紧密。

设计说明的文字行间距过小，显得不够美观。小标题的字号和字体也都有可以调整深化的空间。再按照参考作业调整，修改排版（图7-12、图7-13）。

3. 教师评价

珍视纸质书的传统阅读习惯一直以来是社会关注焦点之一，甚至上升到线下书店的去留。如何能在大学校园中，从大学生阶段就潜移默化鼓励阅读，并将其与中国传统文化结合，这一方案做出了自己的探索。方案历经三轮修改，从简单的书本模型不断打磨造型，丰富细节，完善表现，增大与环境的融合，体现典型由简到繁，由浅及深的自主学习过程。

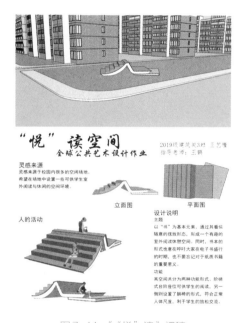

图7-11 《"悦"读》初稿

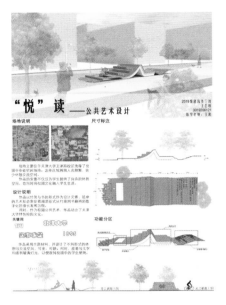

图7-12 《"悦"读》终稿1　　　　图7-13 《"悦"读》终稿2

第二节
传统文化公共艺术设计训练

　　以传统文化为公共艺术设计训练的主题，是混合式教学和课程思政教学的交叉点。"'国家之魂，文以化之，文以铸之。'我们要立足中国，面向现代化、面向世界、面向未来，巩固马克思主义在意识形态领域的指导地位，发展社会主义先进文化，加强社会主义精神文明建设，把社会主义核心价值观融入社会发展各方面，推动中华优秀传统文化创造性转化、创新性发展，不断提高人民思想觉悟、道德水平、文明素养，不断铸就中华文化新辉煌。"❶因此在这里准备了5份传统文化公共艺术设计的全流程解析，以更好地解释如何巧妙使用现代设计语言与公共艺术设计手法，对传统文化进行转译，使其能够符合当代人特别是年轻人的审美需求，从而达到正确传播中国传统文化的设计初衷。

❶ 引自：十九大以来重要文献选编（上）. 北京：中央文献出版社，2019:430.

一、《云卷山河梦》

作者：何佳怡

指导教师：王鹤

1. 作品介绍

本次作业的灵感来源于曾经的一个梦，梦里腾云驾雾，徜徉在山野之间，仿佛一切压力都烟消云散……所以这一次，不是设计者，而是造梦师。形态上我参考了中国山水画中的空间意境，厚重山体搭配流云的轻盈感，虚实结合。正前方看时就如同一座连绵起伏的山群，使人们在城市中就能够感受到大自然的美，同时也为高楼耸立的城市，带来一份别样的清新视野。

2. 辅导过程

辅导过程一：

学生：老师您好，这是大概的排版和内容，因为还没学会渲染所以暂时还没有补全，请您看一下这个设计还有没有什么可改进之处。如果加上光源设计，为晚间提供照明功能会不会更好一点？排版内容上是否还需补充什么呢？谢谢老师（图7-14、图7-15）！

老师：灵感、色调还都不错。灵感来自国画，最好有个形态转换的过程，对这种中国传统文化要有一定的引申思考，不能一带而过。

具体的环境要有基地分析，要有嵌入实景的效果图或一起建模。

图7-14 《云卷山河梦》初稿1

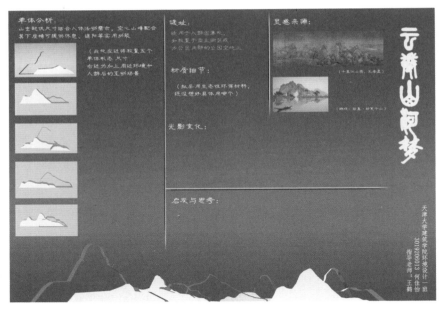

图7-15 《云卷山河梦》初稿2

辅导过程二：

学生：老师您好！有几个小问题想问您：

（1）您上次说选址要有基地分析，是必须要从现实中找具体地块来分析吗？

（2）最初定的颜色是白色，想设计得清淡一点，但会不会太单调了？

（3）我想在原有设计的基础上增加太阳能照明功能，在每个山体的空心带状物表面安装太阳能板，现在的问题是太阳能板显露在外面会破坏整体诗意的感觉，求教老师还有什么更好一点的装置吗？都不行的话我直接在内部添加灯带吧。

另外，排版布局我改了一下，带场景的插图只是暂时的一个示意，现在显得有点和整体格格不入，以后会调整。现在看单体分析那块是否稍显累赘（图7-16、图7-17）。

老师：首先，我觉得不改也比较理想，如果愿意提高的话，其实基地分析还是要有一个具体地方，所有的同学都有。因为要和基地有物理上的联系和文化上的关系。

其次，白色在真实环境中会有些单调，但是现在你的图版色彩比较丰富，所以作品白色就可以。

再次，现在的形态尺度很小，放太阳能板，虽然技术上可以实现，但效费比不高，放弃这一点。可以采用内发光的方式来丰富夜景照明。

图7-16 《云卷山河梦》二稿1

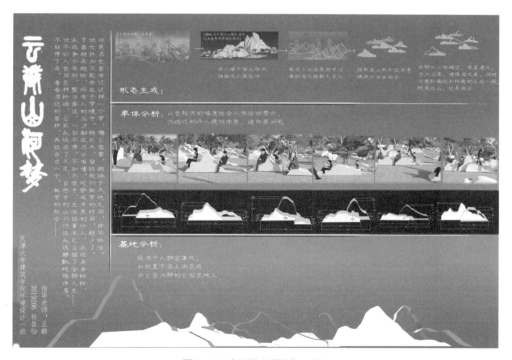

图7-17 《云卷山河梦》二稿2

最后，单体分析的地方不是太累赘，而是排得太密集。减去部分要素会显得疏密得当（图7-18、图7-19）。

图7-18 《云卷山河梦》终稿1

图7-19 《云卷山河梦》终稿2

3. 教师评价

弘扬中国传统文化，在公园、广场、街道、校园等各处，用视觉形象讲好中国话语，传达中国气象，一直是课程训练重中之重。何佳怡同学从满足商业区等人流密集处的休息需求出发，合理运用二维厚度拉伸设计方法，结合虚实变化，综合考虑人体工程学原理完成自身方案。考虑单体结构简单而休息功能需求大的实际，增加数量，并丰富形态，历经三轮修改日臻完善。作者在查找资料过程中深化对传统文化的认识，本身也是课程思政教学成果的体现。

二、《金缮尽美》

作者： 顾金忠希

指导教师： 王鹤

1. 作品介绍

灵感来自金缮这门修复技艺。选取了破碎与部分拼接的茶碗，表达一种残缺的美感。希望表达不拒绝遗憾，在缺憾中造就美丽的思想。同时金缮是一门中国传统技艺，也想表达对中华优秀文化的传承。

2. 辅导过程

辅导过程一：

老师：（针对第一稿）第一，最好的地方是表现手绘的效果，表现得很好。放置的地点，我觉得放在一个水池里会比较好，因为它可以制约人们靠近，保证人的安全，毕竟碎片有一些边缘。第二，背景也相对纯净。目前摆放得基本比较好，可以再结合一些构成美感，保持一个权衡的效果。用泥塑来上色的效果，我很期待。最后的主题可以表达一些缺憾美，也可以表达对传统文化逝去的一种回忆（图7-20、图7-21）。

图7-20 《金缮尽美》概念图1　　　　　　　图7-21 《金缮尽美》概念图2

辅导过程二：

学生：第二版我制作了模型；将环境改为水中，重新绘制效果图；进行了排版。

环境一开始想选择青年湖，但现在没有实景，而且我觉得可能选择江南或者周围有古建筑的湖面结合得会更好。目前暂时定为只是一个湖面。

分布选择将5个小部件相隔角度一致，稍微改变与中心的距离，想知道我是否需要增加一些说明，总觉得现在的内容不够充实。

请老师指出问题，帮助改进，谢谢老师！

老师：我觉得效果还是可以的，只是现在在图面上图占的比例过小，文字和其他的附属要素占的比例过大。在图上，还是应该画上一两个人物来表达它的相对尺度（图7-22、图7-23）。

3. 教师评价

作者从金缮这样一种当代已经少有人知的传统器物修补工艺入手，巧妙利用成语的谐音，把对传统文化的传承上升到看待世界的人生哲学高度，对一年级同学来说殊为难得。利用手绘+手工模型的表现也进一步与主题呼应，锻炼动手能力。方案修改重点集中于作者对于作品所处环境、构成美感与实际工艺等要素认识的不断深化，画面在含蓄富于意境美的同时也在不断追求

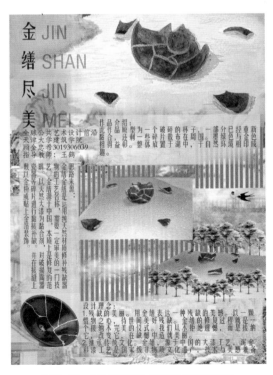

图7-22 《金缮尽美》二稿排版效果凌乱　　　　　图7-23 《金缮尽美》终稿

细节的客观理性，达到均衡效果。

三、《家》

作者：张诗韵

指导教师：王鹤

1. 作品介绍

灵感来自《机村史诗》中的藏族村。我选了两个比较直白的意象，正形是城市天际线剪影，负形是亭台楼阁的轮廓。从正形和负形在形式上的融合与内容上的冲突入手，反映城市化趋势之下古典建筑元素的消亡。在老师的建议下，我把整个设施的体量缩小为更适合人的尺度，也便于增加座椅。很自然地，我想象中的人和设施的互动出现了：人们暂时从现实中抽离，进入一个不存在的"古代建筑"的空间里，和志同道合的朋友聊天。

2. 辅导过程

辅导过程一：

老师：（针对第一稿）目前第一个更好，更像公共艺术。第二个像壁画，在第一个方案中建议把两种做法再综合一下。作品还是放在广场或者公园里，但是数量可以从一组稍微增加一些，增加2~3组功能，形式更复杂、更丰富一些就很好（图7-24、图7-25）。

公共艺术 构思第一稿
19级 建筑学院 建筑类4班 张诗韵

方案一

图一 构思大样图

传统民居房舍在逐步被现代都市代替，但是它们并没有消失，而是一直保留在人们的记忆中。

高楼大厦可能会让人想起"都市""繁华"之类的关键词，但老房子的剪影，会让人想到"家"。即使对于出生在城市，没有住过平房的年轻人来说，房子都是一个安全的、可以走进的形象。

目前有两种构思。

第一，广场中的雕塑。如图一右所示，十字穿插，交叉点下形成一个较为立体的小房子的空间。象征着城市中心的家，是一个很小很安全的地方。周围搭配座椅、灯光等。

第二，以穿插的十字为一个单元，继续延伸成为更大的一组装置。通过控制民居剪影的高度来组织多条完整的运动流线。可以布置在博物馆中作为展品之间的分隔，分割的空间可以布置雕塑等的展台。

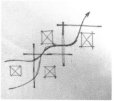

图二 展厅平面图及运动流线示意

图7-24 《家》概念图1

图7-25 《家》概念图2

辅导过程二：

老师：（针对第三稿）思路很好，能够与中国传统文化有比较紧密的联系。各种元素的选取也体现出建筑学的特色。他们能够根据环境多样组合很好，具体的环境比较广泛，广场、步行街都可以。表现方式上，瓦楞纸的模型如果能够做得好，可以作为主体，SU模型可以作为辅助。建议表达方式多样化。或者可以用SU建模完渲染做效果图，以瓦楞纸的模型来辅助。钢板上适当设置镂空的花纹和浮雕的图案，不会降低存在感。

上述要素的任意组合会比较困难，也会带来安全性和管理上的难度，设置2~3种组合方式就可以，123和ABC就可以，用静态的图纸来表达。

材质本身用钢材，可以乘坐的部分木材就可以。

最后注意排版专业度。

辅导过三：

老师：（针对第四稿）就这个作业来说，我为你取得的进步而感到高兴，在今后的学习中应当保持艺术敏锐性的优势。对作品与街道空间尺度、与人的环境行为心理学关系可以做更深入的探讨（图7–26、图7–27）。

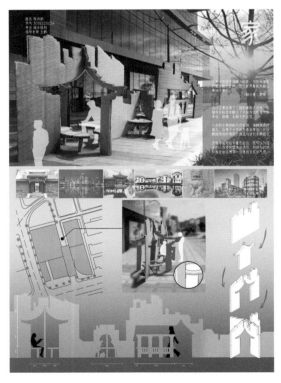

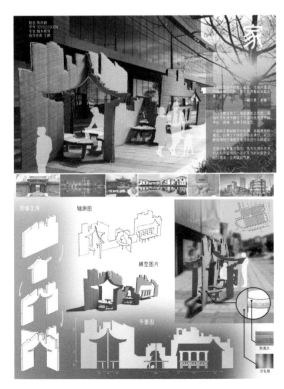

图7-26 《家》终稿1　　　　　　　　　图7-27 《家》终稿2

3. 教师评价

《家》方案成功运用剪影正负形设计方法转换中国传统民居形象，各种元素的选取鲜明体现出建筑学特色。方法科学合理，占地面积小，不妨碍交通流线，可以立足空间紧张的都市。表现方式集手绘、手工模型和软件建模各自优势，全面诠释方案特色。

四、《笔山》

作者： 严涵

指导教师： 王鹤

1. 作品介绍

我的灵感来源于放在桌面上的笔山，觉得它造型十分优美。正好它的意向和传统文化息息相关，于是我就萌生出以它为原型，制作现成品公共艺术品的想法。

2. 辅导过程

辅导过程一：

老师：（针对第一稿）这是目前咱们班我见过最满意的创意方案。思路合理，建模比较理想。需要改进之处主要在于尺度过小，显得工作量过小，在环境当中不容易引起人们的注意，可以适当增加两组，其中可以有的是剪影，这样增加人们对它们的重视，也扩大自己的工作量。效果图不一定放在阳光遮挡的地方，建议调整一下，排版可以是一张，但要更复杂（图7-28、图7-29）。

辅导过程二：

第二张布置比较好，效果图与文字结合得比较理想。第一张图不理想。第一，效果图与你后面布置的真实环境相差比较远，让人容易产生混淆；第二，文字过多，而且字体、字号过多，建议将各种功能结合局部功能示意图来加以表现，而不要完全用文字来表现。两张图可以标part 1、part 2，有主有次。总体来说进步很大，工作量也充实了，加油（图7-30~图7-32）。

3. 教师评价

该方案虽然看上去与何佳怡方案形式相近，但其实设计方法完全不同。后者使用二维形象厚度拉伸，灵感源自绘画。《笔山》则运用现成品复制方法，灵感源自工艺美术。作者对笔山造型进行再创作，呼应祖国河山，弘扬家国情怀。

主题公共艺术设计前沿·大作业

天津大学 建筑类 严涵 指导老师：王鹤

效果图

生成逻辑

当下时代，随着科学技术的逐渐发展，年轻一代对于传统文化的了解程度有所下降。因此，本现成品公共艺术作品以传统文具笔山和毛笔为原型，意图以简明直接的造型呼吁人们重视传统文化。

笔山中的五个孔洞分别放置了五盏灯，设想通过跷跷板的摇晃进行所需电力的补充。

而在夜间，五盏灯亮起，有丰富周边环境的作用。

灵感来源

细节：光影

图7-28 《笔山》初稿1

尺寸

·笔山：笔山中高低错落的凹陷处可以供不同身高的人坐下休息。而曲线起伏的山形造型也增添了许多趣味性，可以成为孩子玩闹嬉戏的场所。

功能

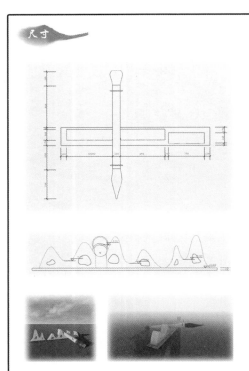

·毛笔：毛笔整体是一个跷跷板。两端安装了金属圆环，用作跷跷板的扶手。由于笔尖端相对笔的末端更长更重，跷跷板的支点稍微向笔的末端偏移。跷跷板的设计为孩子们提供了更大的乐趣。

·照明：夜间提供照明，更加凸显其奇特的造型。

·发电：跷跷板的运作带动发电机的工作，为照明提供了更加清洁的能源。

图7-29 《笔山》初稿2

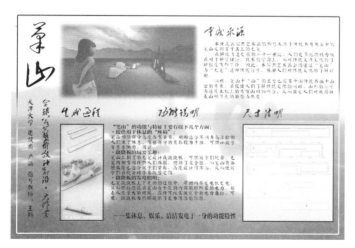

图7-30 《笔山》修改过程

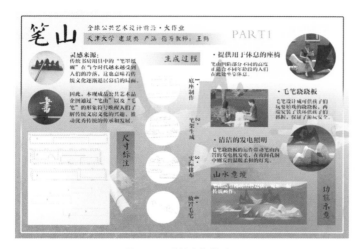

图7-31 《笔山》终稿1

图7-32 《笔山》终稿2

同时可以提供包括休息、跷跷板等游戏以及照明等多样化功能，进一步改善环境品质。色彩运用则考虑到季节变化问题，体现出对课程内容的深入掌握。

五、《变逝》

作者： 韩雨聪

指导教师： 王鹤

1. 作品介绍

我的灵感、过程与设计感想来自飞白笔法，在笔画中感受到了消逝感，进而想到了近年来传统文化的流失，尤其是电子产品的普及带来的提笔忘字的现象，所以我融入了键盘的元素来创造一种破碎和消逝感，以突出保护传统的书法文化的主题。在不断改进的过程中，老师课上讲授的知识帮助我不断完善自己的作品，课下耐心的交流让我的表达越来越充实。

2. 辅导过程

老师：韩雨聪同学的设计辅导过程主要围绕如何更清晰地阐释传统文化主题，对排版信息传达序列逻辑文本进行修改的过程（图7-33）。

3. 教师评价

博大精深的书法是中国传统文化的重要组成部分。该方案能够将现代的键盘形象，与小篆、隶书、行书、宋体等不同的字体紧密结合，将传统文化教育融于校园环境对乘坐休息的实际功能。形式活泼新颖，符合当代大学生心理特点，结构、材料、工艺等进一步合理化后，具有系列化在校园推广的潜力。方案历经多次修改，主题不断深化，表达日趋完善，成功达到将书法教育融入校园文化，在技能训练中实现家国情怀的目标。

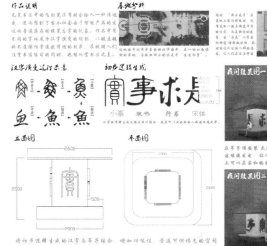

图7-33 《变逝》修改稿

第八章

综合主题训练简析

8

本章集中体现了5个主要的时事热点，从2021年5月22日"共和国勋章"获得者袁隆平院士逝世引发同学们用自己的作品加以缅怀开始，到国家扶贫事业取得阶段性成功，全面转入巩固脱贫成果，并通过助学控辍来进一步巩固这一成果，以及在技术日渐发展的背景下反思技术本身，引入工程伦理和其他社会热点。随着中国高等教育逐渐走向世界，越来越多的海外学生来到中国学习，因此其中特别加入了一部分留学生作品赏析。对留学生的教学，既是一带一路文化建设的有机组成部分，也是推广中国科技实力和文化软实力的重要渠道，对他们的训练将秉承不同的逻辑。经实践检验，也取得良好效果。

第一节
纪念袁隆平院士

"共和国勋章"获得者袁隆平院士于2021年5月22日逝世，全国人民沉痛悼念。袁隆平院士是中国解决粮食自给的重要功臣，常年扎根水稻种植一线，攻克众多技术难题。课程以缅怀袁院士为主旨，思考紧紧把握粮食安全、粮食自给这一主题，鼓励学生创作形式优美、主题意义深刻的作品，以提升训练质量。

一、《田埂五月风》

作者： 王鑫楠　郭政

指导教师： 王鹤

教师点评： 该方案以袁隆平院士生前的"禾下乘凉梦"为主要出发点。从袁隆平院士重要的理想和实践入手，选址在袁老的故乡或工作地点等具有纪念意义的重点场所。作品选择与公园相融合，以树木代表水稻等方式，由此决定方案将有较大的尺度，从而能够提升观众的接受度。

作者的初始构思是将水稻变化为翅膀，以袁老的具体形象为主要出发点。但是这样一来，会造成较大的风阻，并且较为薄弱的结构容易出现安全隐患。所以，指导教师给出的意见是借鉴剪影正负形的方式，仅用剪影就可以表达出对袁隆平院士的纪念，同时可以用较低的成本和较小的占地面积实现更大的空间尺度。通过反复推敲，最终是运用合理的材料，实现了较大空间尺度的构想，还与周边的公园相结合，进一步实现科学普及和纪念袁院士的主题意义。整体表达方式经过多次修改，不断提升表现深度，增加表现角度，并重点加强了底座的结构强度，充分实现训练效果（图8-1~图8-3）。

图8-1 《田埂五月风》1

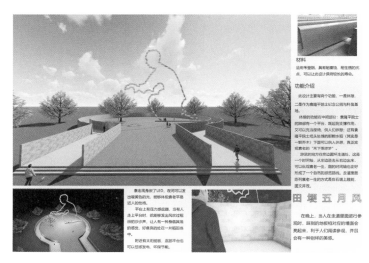

图8-2 《田埂五月风》2

图8-3 《田埂五月风》3

二、《禾下乘凉梦》

作者：叶薪悦

指导教师：王鹤

教师点评：该方案来自文科大类的同学。大类招生改革后，文科大类中包括部分要进入建筑学院二年级学习的同学。他们在学习中需要克服更多的困难，并有更强的自律性，取得成绩也更可贵。该方案的设计者别具一格，从建筑景观和环境设计的角度出发，而没有选用具象化的创作手法。这样一来，规避了很多结构上的困难，但是能够巧妙地运用形式和色彩的变化起到同样的主题纪念效果。

方案以长廊和小型的建构为主体元素，主要采用像素化手法将稻田的色彩层次用渐变的方式呈现出来，给人以强烈的视觉观感，内部设有长椅等可休息的形式，并能够运用2021等多样化的形式来实现自身设计主张。人体尺度和空间结构都较为合理，设计细节丰富，别具匠心。在环境、氛围与环境的关系上，还有较大深入空间，但对于一年级同学，特别是在文科大类中的同学，已经殊为难得。作品获得ICAD国际当代青年美术设计大赛银奖，质量得到认可（图8-4）。

图8-4 《禾下乘凉梦》

三、《禾下乘凉梦》

作者：王梅子萱　丁雨桐

指导教师：王鹤

教师点评：该方案同样表现出了同学们对于课程视频内容的扎实掌握。从今年纪念袁隆平院士的设计方案中，大家选用了不同的设计方法这一点就可以看出来。与之前选用二维剪影和建筑变体设计手法案例不同的是，在这件《禾下乘凉梦》中，作者使用了植物仿生的手法，以袁隆平院士着重培养的水稻为基本元素，研究了水稻的生长形态，将其叶片和成熟的稻穗作为重点模仿的对象，有多样化的形式。经过变化后，可以实现椅和遮阳装置等多样化的功能，作者也使用了接近像素化的表现手法，实现了尽可能丰富的形态。当然，在具体形式的优美程度，对现象的重视程度以及选用何种材料、工艺以提升落地性方面，还有较大的提升空间，但总体来说较为充分达到训练要求，部分效果图表现的逼真度和氛围有待提高（图8-5、图8-6）。

图8-5 《禾下乘凉梦》1

图8-6 《禾下乘凉梦》2

四、《红色印记 稻火》

作者：高梓萌 葛一骁

指导教师：王鹤

教师点评： 同样的表现主题，在这里变成了使用手工模型的方法。对于一年级同学来说，手工模型无疑是一种更为直观能够表达设计意图而不受作者建模技巧、渲染技巧制约的表现方法，具有自身独到的优势。在这一方案中，作者选用水稻作为表现原型，选择将废弃秸秆粉碎后与胶水混合，制成基本形态。并有两组不同高度的形式可以选择，在外围则选用了类似于国旗的叶片，红色，燃烧，飞舞，作者强调了以此表现全国人民团结一心的传承精神，并宛如火炬，具有极高的主题意义和美学价值，另外带有较为突出的生态价值。在图纸表达上，在角度选取与环境的关系方面还有一定的提升空间。在第八章对"设计再造"竞赛的分析中还会从不同的角度再次介绍这件作品（图8-7）。

作者：高梓萌 3020206175 葛一骁 3020206176　　　指导老师：王鹤

红色印记　稻火

制作过程　　　　　　　　　　　　　　　　作品尺寸：2.5m高
1.将废弃秸秆粉碎后与胶水混合　　2.放入模具中压制　　3.加上外部包装

设计元素
　为纪念袁隆平院士，我们选取了水稻作为原型，秸秆作为原料加工制成雕塑。麦穗的尺度与小树相同，象征袁老的禾下乘凉梦。雕塑多地放置，象征袁老杂交水稻覆盖全球梦。

设计理念
　叶片似国旗飞舞，似火焰燃烧，代表着我们全国人民会团结一致，继续传承精神，奋力前行。整体造型宛如火炬，中华儿女之不掇将薪火相传。

制作材料
　废弃秸秆、谷穗

图8-7 《红色印记　稻火》

五、《稻菽悠悠》

作者：罗静宜

指导教师：王鹤

教师点评： 该方案还是由文科大类的同学完成，同样选用了简易的建模手法。在形式上运用了植物仿生的设计方法，忠实于稻穗的原型。在布置上则选用多组，成组布置的典型设计方法，这是课程视频和见面课当中主讲教师反复强调的，以此弥补公共艺术设计创新方法单体表现力度不足的弊端，实现扬长避短。作者通过空间的布置形式和放置的环境，表达了自己对粮食安全的美好理想以及对袁隆平院士的纪念，并由很优美的手绘稿来表达自己的设计意图。整体排版视觉效果清新，带有独特的美感。不过在材料工艺、落地性上尚有不足。通过图纸可以发现，部分地方结构强度不高，实际制作难度较大，落成后风吹雨淋，与人互动当中容易出现弯折、损毁等现象。需要在今后训练当中予以注意提高（图8-8）。

图8-8 《稻菽悠悠》

第二节
扶贫助学

脱贫攻坚战，是改革开放以来中国第二次提出与脱贫相关的攻坚战。第一次是1993年制定的《国家八七扶贫攻坚计划》，要求在从1994~2000年的7年时间内解决剩余8000万贫困人口的温饱问题。中共中央、国务院做出脱贫攻坚战的决定，是基于扶贫开发在全面建成小康社会这个重大国家战略目标实现中所处的重要地位以及当前中国扶贫开发面临的新形势新任务。到2020年全面建成小康社会是中国共产党和政府确定的国家重大战略目标。根据2015年时的形势判断，如期完成该战略规划的其他主要战略任务都相对乐观，唯有现行标准下贫困人口实现脱贫的任务完成面临着较大的困难。党的十九大报告将坚决打好防范化解重大风险、精准脱贫、污染防治的攻坚战列为中国全面建成小康社会中抓重点、补短板、强弱项的三大战役之一。扶贫是近年来国家关注的重点主题，尽早在全国打赢脱贫攻坚战是党中央的号召。

天津大学对口支援甘肃贫困县宕昌，众多的同学和包括笔者在内的教师都亲赴扶贫一线。因此，结合主讲教师本人扶贫经历，安排同学们进行扶贫主题公共艺术设计是近年来的创新。目的在于为当地提供能够兼具繁荣旅游文化和振奋同学们信心的公共艺术作品。

课程中提供天津大学团委秦俊男老师执导的纪录片《筑梦宕昌》等资料，以辅助思考并提出创意。要求作品具有深远主题和一定实际功能，还要注意降低成本和维护难度，以便于在乡村落地（图8-9~图8-11）。

图8-9 主讲教师在宕昌兴化九年制学校扶贫宣讲

图8-10 主讲教师在宕昌城关九年制学校扶贫宣讲

纪录片《筑梦宕昌》天津大学暑期社会实践纪实

图8-11 作为课程资料的《筑梦宕昌》纪录片

一、《守护》

作者：多兰地

指导教师：王鹤

教师点评：该方案名为守护，选址天津大学青年湖畔，选址具有显著意义。作者综合运用六边形为基本元素，选择以手这样一种富于象征寓意的形象进行抽象变形，来传达扶贫当中所必要的托举、庇护、交融等温馨的情绪。元素选择合理，易于理解，不易产生歧义。形式经过简化后，富于构成美感及空间延伸感，与环境结合紧密。同时，作品本身还具有乘坐、休息、遮阳等积极的效果，并符合人体工程学基本规则，能够与所在环境形成很好的交融，并对学子们产生积极影响，充分实现训练目标（图8-12）。

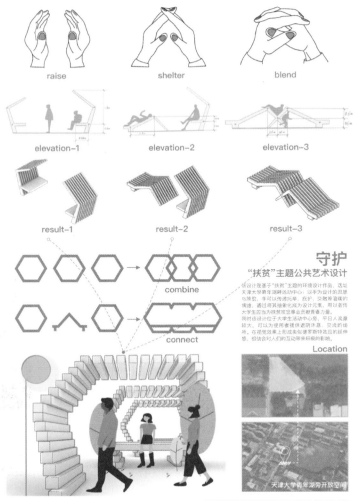

图8-12 《守护》

二、《记忆蜂巢》

作者：朱瀚森

指导教师：王鹤

教师点评：该方案是扶贫助学主题成果，灵感来自课程推荐的2019年天津大学暑期社会实践的纪录片《筑梦宕昌》。作者希望以此创作一个可生长的记忆蜂巢，其中有诸多参加扶贫工作的天津大学师生的基本形象，与当地孩子的影像资料进行综合处理。蜂巢本身既具有象征意义，也可以存储纪念品和捐赠的书籍等，同时具有让孩子攀爬游戏等相应的功能。安放的空间也可以同时安置于宕昌县部分九年制学校以及天津大学主校区，同时寓意了天津大学的师生像工蜂一样不知疲倦，为祖国的扶贫事业做出自己的贡献。作品以便于掌握的重复构成为原则，选用了简单的手工模型形式转换，从多个角度表达了较为丰富的呼应关系，对搭建过程也做了清晰的展示，充分达到训练效果（图8-13）。

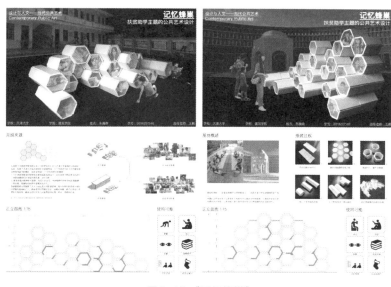

图8-13 《记忆蜂巢》

三、《布方憩》

作者：白靓婧

指导教师：王鹤

教师点评：该方案巧妙利用汉字的谐音，以布为主要材料，以方形为基本尺度，并且能够提供休憩的功能，故得其名。在具体的尺度上，充分考虑到了魔方的构成体积，并且能够实现较为丰富的储物功能，人体工程学合理。同时注重运用太阳能板提供电能，符合生态原理。更通过铝合金骨架，遮光性好的布料、玻璃（需要注意避免破碎）等材料，较为充分地考虑到了材料与施工工艺的问题。方案本身并不是为扶贫助学主题创作，但是作品本身却在赴宕昌扶贫"控辍保学"宣讲当中发挥了重要的作用，其传达出的积极意义，无论是对于保护人民身体健康，还是扶贫助学都具有积极的意义（图8-14）。

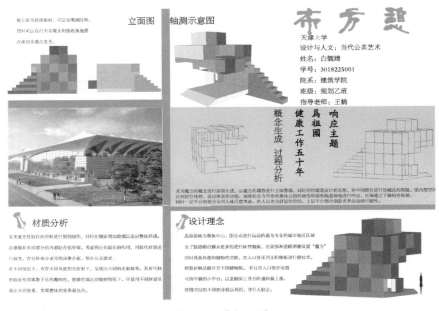

图8-14 《布方憩》

四、《向上》

作者：李亚玲

指导教师：王鹤

教师点评：该方案选择了课程中主要介绍的二维正负形的手法。通过色彩的冷暖变化，鼓励乡村的学子走出大山，在祖国的大好山河中奋斗拼搏，进入更大的空间，实现自我价值。同时强调了群体合作奋斗，在任何时候都不能放弃，都需要努力拼搏这一具有普遍意义的主题。通过成功运用二维剪影方法，成功降低了作品所占用的地面空间，能够适应不同类型环境。所有的台阶平台的尺度都融入了对时间概念的寓意表达，表达手法比较深入。注重群体，弱化个体，也是作者独有的主观设计思路。在人物剪影上充分体现出了剪影公共艺术的特点，即涵盖不同年龄、性别、职业人群，以保证受众面积最广。当然方案本身的尺度感和与环境的关系，还有进一步商榷和改进的空间（图8-15）。

五、《飞吧》

作者： 李文萱

指导教师： 王鹤

教师点评： 该方案独辟蹊径，没有选用直白的语言，而是强调着重于为乡村提供一件能够放得住、留得下的优美公共艺术作品。通过翅膀这一元素的不断抽象化，利用心灵的力量唤起孩子们拼搏的意志，并且能够成为旅游产业中的一个网红打卡点，通过旅游、媒体宣传来综合达到促进乡村发展的社会意义。作品形式成熟，便于运用现有材料与工艺施工，落地性良好。作品本身在ICAD国际当代青年美术设计大赛中获得银奖，再一次证明作品的过硬质量（图8-16）。

图8-15 《向上》

第三节
技术进步的反思

电力、集成电路、智能设备终端甚至是人工智能，在当今社会生活中扮演着越来越重要的角色。公共艺术作为关注社会，引起人们关注重点问题，并改造和提升社会发展水平的一种重要手段，也应当关注技术进步，并思考尝试改进提高，引起人们的行动。年轻的学子们对这一问题抱有极大的热情，

图8-16 《飞吧》

在这里选取了部分同学们对于智能设备终端，对于电力在当今社会的应用以及相关方面的思考。形式丰富多样，具有较突出的社会价值。

一、《大地母亲的USB》

作者： 蔡新雨

指导教师： 王鹤

教师点评： 该方案运用USB等新颖的数字化术语，强调了与大地母亲的通信，将科技与自然结为一体，高度关注社会实际问题，在一年级同学当中殊为难得。同时还能做到幽默诙谐，更进一步突出了作品的主题意义。

形式美感上，采用了典型的二维剪影与现成品框架化手法相结合，通过与现实生活联系紧密的智能设备创作，以公共环境中令人喜闻乐见的形式，并结合灯光与色彩的搭配，形式优美得当，昼夜间效果均较为显著。作品所采用的设计手法能够理想地提供乘坐、休息、滑梯、搭挂衣物等多样的公共环境中常见的功能，便利性较为完整且实用。作品自身所选用的设计方法占地面积小，适合多样化的环境，便于拆装，又能进一步提升环境质量，实现较高环境契合度。负形手法能使视线通透，提升了环境利用效率。两幅图的形式搭配合理，昼间和夜间效果图，灵感来源、形式生成、功能介绍等要素完整合理。总体效果较为理想，图文边缘对齐，还有进一步提高的空间，尤其要注意信息标注等字号过大问题（图8-17、图8-18）。

图8-17 《大地母亲的USB》1　　　图8-18 《大地母亲的USB》2

二、《精神充电器》

作者：李哲嘉

指导教师：王鹤

教师点评：该方案将智能设备使用的收益与反思相结合，将充电器的实际功能与现实生活中现实用途紧密结合起来，达到了为生活中承受压力过大的人解压的目的，促进公众身心健康与社会和谐，并鼓励阅读，主题意义较为显著。

形式美感方面，该方案选用了典型的现成品设计手法，不同的充电器尺度类型多样，合理运用倒置、搭配等现成品布置手法，数量合理色彩纯净，符合实际场地需求，总体形式优美。功能较为多样且合理，首先提供了充足的乘坐休息功能，更有意义的是现成品本身还能够与书柜桌椅的造型有机结合，人体工学合理，功能进一步丰富。方案构思了多样化的环境，如公园和机场等人流密集的环境，以及商场内的阅读角等相应空间，能够把作品与场所功能紧密结合起来考虑，环境契合度较为理想。

图纸表达要素基本完整，色调淡雅，大胆尝试独到的插画风效果。相对于辅导过程而言，图纸内容较少，对形式生成推敲、不同场景使用等应该有更详细的介绍及全景展示工作量（图8-19）。

图8-19 《精神充电器》

三、《电脉》

作者：施皓鑫

指导教师：王鹤

教师点评：方案本身比较新颖，能够从肉眼无法见到的物理现象等去寻求灵感，并能够与日常生活紧密结合，将其视觉化，应该说达到了自己的设计目的。细节比较完整。图纸表达也达到训练要求。相对不足之处在于作品的细

图8-20 《电脉》

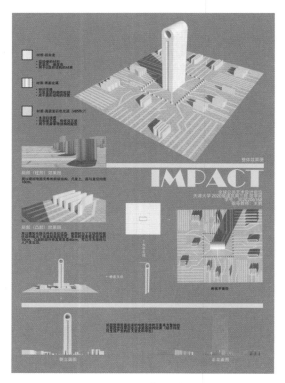

图8-21 《冲击》

节还过于细碎，设计说明文字过多，如何能够减少文字的使用，而是用更清晰、更容易为人所掌握的图式语言，配合少量简明扼要的文字或小标题，能够将自己的设计意图、作品在环境中的好处或说优势都集中展现出来，是方案努力的方向（图8-20）。

四、《冲击》

作者：范宇润

指导教师：王鹤

教师点评：思考科技对人生活的冲击是一个比较理想的主题。特别是在材质上，方案大量使用富有科技感的材料与配色，使作品整体形式美感比较理想。模拟电路元件的高度考虑到了人体尺度，适合乘坐，较为理想。不足之处在于主题还有些含混，是否能产生作者所表达的冲击效果有待商榷。因为冲击必然导致周边的尺度是不规则的，但目前电路元件都高度理性和逻辑化，呈现的是一种有序的、可控的变化，而不是冲击本身。实际上作品可以与当前芯片短缺，中国需要大力发展芯片行业为入手点进行深入思考，会更有社会意义（图8-21）。

五、《跳脱》

作者：李佳俐

指导教师：王鹤

教师点评：方案能够从键盘这样寻常的现成品出发，巧妙之处在于与实际功能相结合，并充分考虑到了夜景效果，最突出之处在于有生活体验，能够为陪同孩子游玩的家长提供人体尺度合理的乘坐空间，这在目前很多实际落成作品中都有很大欠缺。改进之处还是在于可以进一步丰富视觉观感，对儿童体力型游戏的特点做更多的研究，而不是单纯从主观和意向出发。部分使用频率比较高的键盘下部可以布置压感发电，利用儿童和成人的体重和动作来为作品夜景照明提供能源，从而提升生态属性（图8-22）。

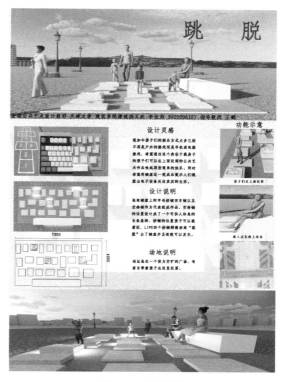

图8-22 《跳脱》

第四节
时事热点

时事热点部分没有在课程训练当中作为一个单独的主题加以安排，而是随着课程进行，根据热点不断发掘作品方案，要求学习者对时事关注敏锐率比较高，并能用课程所学的先进设计方法加以表达。

一、《风暴休闲站》

作者：孙赢

指导教师：王鹤

教师点评：虽然方案本身从草图纸出发，但草图纸相对来说是一个小众的范畴，如果能将其与书籍等其他更容易被大众所把握，更有文化内涵的现成品联系起来可能会更为成功。作品本身在不对称但均衡的构成美感的实现上较为成功。但是在具体的形式生成过程中，还应该从生命的组成形式，从普遍的过程原理和其他自然科学现象中去吸取灵感，而避免完全依靠个人主观去进行逻辑生成，提升作品的技术含量。图纸表达本身比较完整，整体色调淡雅。作品参加"第九届未来设计师·全国高校数字艺术设计"大赛，并

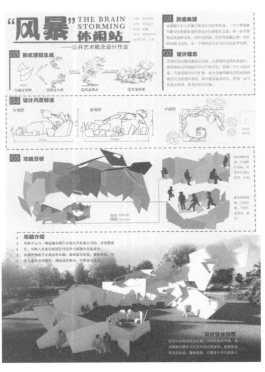

图8-23 《风暴休闲站》

获得铜奖，进一步证明作业训练质量（图8-23）。

二、《锦绣"钱"程——对货币形态的思考》

作者： 王佳琪

指导教师： 王鹤

教师点评： 该方案选择了少见的金融与货币主题，从日常生活中寻常可见的货币入手，探寻货币形态的演变，进而引发思考。思考的深度还可以增加，还可以与数字人民币等最新的形式结合起来，以更贴合时事。形式美感上经过反复推敲成功运用了构成原理，效果比较理想。功能形态比较丰富。可改进之处是这三种货币形式之间还应该有更有机的组织，与周边环境、交通流线、树木有机组合，以达到更为整体的设计效果。用手工模型增加表达广度，属于加分项。在图纸表达上应更审慎选择效果图角度。更好地用图示语言来表达自己的设计思路，现在没有能够完全表现出来（图8-24）。

图8-24 《锦绣"钱"程——对货币形态的思考》

三、Let's run

作者： 王心睿

指导教师： 王鹤

教师点评： 将二维字母进行垂直和水平两个方向上的拉伸，甚至超越了二维剪影的局限，实现廊道的功能，属于思路创新，这一点值得鼓励，也比较贴合当前鼓励全民健身和体育运动的主题。存在的问题是过度使用拉丁字母是否合理，或者在标题中改用汉字，更能展现育人主题。作品本身尺度较小，规模较小，长度较短，是否能够形成廊道的预期效果和相应功能还有待推敲。与环境的关系还有待紧密结合，包括与道路，硬软铺装之间的关系。作品采用的铝材确实能够减轻自重，但是不一定能够降低造价，而且目前的材料与工艺相对难以拆卸和运输。建议使用二维框架式，更能够适合运输。图纸表达基本达到要求，细节可以更为丰富（图8-25）。

灵感来源：各高校组织的创高体育长跑活动

形式结构：公建主体由英文字母run构成，对应善跑步的主题。整体由铝材料建成，重量轻的同时降低造价，并且各个字母都可以拆卸，便于运输。在图形上肖字母R大写而u，n小写显得图形整体圆润不突兀。最后尺度方面符合人体尺度，使人产生亲切感，并更容易于公建产生互动。

意义功能：意义：呼吁人们进行体育运动。功能：字母内部设置廊道可供人穿行，在内部的人可以与外部的人产生有趣的互动，并在雨天可供避雨使用；字母U底部可供人休息，字母R中部区域可供水杯，手机等物品的临时设置，有趣的形状也易于吸引儿童前来玩耍

公共艺术 天津大学 建筑学院 王心睿 指导教师：王鹤

图8-25 *Let's run*

四、《暖夜》

作者：朱爱钊

指导教师：王鹤

教师点评：方案从弱势群体关注点的社会意义出发，在一年级同学中表现得较有深度。能够从现实生活中寻找问题，并合理采用现成品结合二维的形式进行设计，经多次修改以节省占地，提供照明并具有存放或休息的实用功能，总体效果较为理想。改进空间中首先是现成品的处理，如何进一步运用框架化、色彩变化等方式提升幽默的视觉效果，还可以考虑在城市中布置一定数量节点，从而更系统化、规模化并提升其落地性（图8-26）。

图8-26 《暖夜》

五、《破碎的真相》

作者：朱爱钊

指导教师：王鹤

教师点评：方案的出发点非常好。二维剪影的创意手法，正负形相结

图8-27 《破碎的真相》

合，与竖向墙体的环境关系也非常理想。方案主题可以进一步深化。对于何为真相，在舆论上如何赢得主动，发出中国声音，其实是有很大需求的表达领域。如何能够在这方面努力，让作品的受众转向全世界，或者进行中英文对照的处理；是作品改进的方向（图8-27）。

第五节
一带一路沿线留学生训练成果

在"全球公共艺术设计前沿"课程训练中，有多位来自一带一路沿线国家的留学生参与课程训练，并与中国同学遵循同样的训练主题，强调育人效果，完成同样的工作强度。在辅导上主讲教师注重根据他们的语言水平、民俗习惯、表达能力，进行一对一辅导，既达到了理想的教学效果，又促进了中国与一带一路沿线国家的友谊。

一、《奖励》

作者：金良（柬埔寨） 陈雅（柬埔寨） 安珠（孟加拉国）

指导教师：王鹤

教师点评：这一组同学来自柬埔寨、孟加拉国，他们选择的方案主题灵感来自《伊索寓言》中龟兔赛跑的故事。这一故事具有国际背景，在中国也家喻户晓。在具体的设计手法中，同学选用了像素化的设计手法，通过将乌龟的形状与棋盘的概念相结合，成功地运用浅色、白色、黑色三种模块代表自然、蓝天等不同的自然元素。兔子则以雕塑的形式置于其上，丰富视觉效果。作品还注意到了夜间视觉效果。布置的环境为公园，选址较为理想，可以促进人们休息休闲。

　　总体来看，作者要表达的内容充分达到训练效果，运用寓言中已经成功表达出的育人主题作为自身的灵感来源，是一种保险且稳妥度高的方法。在具体设计中，兔子雕塑制作有一定难度，同时在尺度上也有少数不合理的地方，比如3.5厘米，显然属于尺寸计算上的错误。在文字表达和主题上，还需要进一步凝练。总体评价，作为留学生在辅导过程中克服语言交流等多重困难，最终取得理想成绩，充分实现训练目的。作品在2021年ICAD国际当代青年美术设计大赛当中获得铜奖，进一步证明作品质量（图8-28）。

二、《渔洋》

图8-28 《奖励》

作者： 叶梓萱（马来西亚）　李文捷（马来西亚）　何普（巴巴多斯）

指导教师： 王鹤

教师点评： 该组作业的目标是参加第十届全国大中学生海洋文化创意设计大赛。因此，方案以贴近海洋，促进生态保护为主题。作者选取了从自己家乡到中国南海都普遍存在的蓝眼泪现象来作为促进生态环保主题。当然，蓝眼泪是有一种被称为海萤的浮游生物造成的，其形成机制和产生的影响与作者表达的有所不同，在今后的设计中应进一步做到科学客观。

　　作品整体工作量充实，分为1、2、3组，分别针对了渔网、渔船、桅杆、树木等多种基本形式，选用成熟的像素化设计方法，并充分提供了各种游玩、休息、观景的丰富功能，同时也讲解了形式生成逻辑。选取环境科学合理，位于福建省厦门市，贴近海边，游客人数众多，特别是有纯净的背景，有助于突出作品，符合课程所学。

　　在众多的优点之外，方案不足之处在于：第一，作品模块组合的功能提供，虽然考虑了穿插和线性的方式，但是在实际运行当中，很难保证游人按照预先设计的方法去使用提供的功能。因此，功能提供最好较为开放。第二，

图8-29 《渔洋》

作品的色彩不够丰富，应当结合海边环境或海洋本色，进一步丰富。第三，作品的设计和排版还应该进一步注意边缘对齐、黄金分割的使用设计，说明文字过多，应该更多使用图示语言加以表达，以提升图纸表达效果（图8-29）。

三、《鸟类庇护所》

作者： 蔡经恒（柬埔寨） 龚东成（柬埔寨）

指导教师： 王鹤

教师点评： 该方案为两位柬埔寨同学针对课程训练中生态文明与动物保护主题开展。出发点是保护鸟类，特别是保护鸟类栖息地，以及提升人、鸟类和树木、森林、自然之间的关系。通过水池提供游人休憩的空间，并提供为鸟类喂食之地，促进人与自然的融合。在作品的造型逻辑上，来源于作者所在地区的原有寺庙，并将其倒置。在这一点上，作者很充分地利用一带一路沿线国家丰富的人文历史内涵。尺度较为合理，符合人体工程学基本原则，与周边植被、树木贴合紧密。但是，在促进鸟类喂食的功能方面，还应当对鸟类行为有更多的调研，以进一步提升技术合理性（图8-30）。

四、《不适合的难题》

作者： 何普（巴巴多斯）

指导教师： 王鹤

教师点评： 作者的概念是一个名为"不适合的难题"。作者与教师沟通的原话为："这是一个难题，只有在每个零件都处于正确位置时才能完成。由此，我总结了自己的设计理念，我的设计理念是只有正确发挥作用，社会才能真正和谐地运转。另外，我将RGB颜色和CMYK颜色用作结构。这样做的原因是要强调，只有我们共同努力，我们才能实现任何目标，因为混合在一起的颜色可以创建任何其他颜色。"

按照指导教师的理解，方案显然是对应中国传统文化中的七巧板，是一种很常见的数学玩具。第一，在需要表达的主题上，还有较大进一步深化的空间。第二，将集装箱顶板制成现有的板材，难度大过了运用普通材料制作的难度。对轮胎的处理也是如此。总体来说，在这一方案中，使用回收材料的成本超过了使用其带来的好处。作品的落地性不一定理想。但有一个值得鼓励的地方，就是作者在排版上也使用了类似于七巧板的形式，并由此处理了相对不熟悉的汉字，以此达到较为优美的视觉效果，值得鼓励（图8-31）。

五、《护物院》

作者：郑永健（柬埔寨）　林明兴（柬埔寨）

指导教师： 王鹤

教师点评： 这件作品选用了动物保护为主题，大量运用了动物建模，并且采取了在现成品当中很常见的"笔断意连"的方法。动物或其他具象形态部分位于地下，由此降低了对地面交通流线的影响，减少了占地面积，使作品的布置与现有广场、公园等具体环境便于联系

图8-30 《鸟类庇护所》

图8-31 《不适合的难题》

起来。在为儿童提供了较多游乐休息空间的同时，进一步触发了保护动物、保护生态环境这样的深刻主题。不足之处在于图与文字对应不够紧密；字体、字号运用不够合理；细节不够丰富充实，缺少分析图等，在今后有待进一步深入提高（图8-32）。

图8-32 《护物院》

第九章

课程思政教学的
"赛教融合"

本课程通过多种积极方式帮助同学们了解当前国内外的发展形势，明确作为中国特色社会主义建设者和接班人的历史使命。要求学生在学习、生活、工作中坚持党的领导，领会党的精神，为实现中国梦不懈奋斗。

在这一前提下，利用社会激励机制是课程一直以来的特色。如何保证学习者的学习热情，一方面要增大学生获得感，另一方面还需要打造合理的激励机制。在现有条件下，依靠学分和宏观层面成绩的激励不够现实，因为学分减少是一个趋势，而一般同学成绩中90分以上的比例都被限定。因此，课程将评价与社会奖励机制紧密结合，始终鼓励学生作业参加竞赛、出版和发表。迄今已有多位学生获奖，大量学生设计方案、报告在教材和教学论文上出版或发表，有效鼓舞学生信心，成功增加学习乐趣，有效起到促学目的。课程教学成果参加竞赛与展示，利用社会激励机制提升学习效果，引发较大社会效益。

ICAD 国际当代青年美术设计大赛及跨学科嘉宾点评

在2021年7月16日~8月8日公布的2021 ICAD国际当代青年美术设计大赛第二赛季终评结果中，"全球公共艺术设计前沿"的课程作业获4项银奖、11项铜奖。加上第一赛季成绩，共获4项银奖、15项铜奖及优秀奖若干项。笔者获亚太地区最佳指导教师奖项（共5位）。天津大学获优秀组织单位奖。此次竞赛主要获奖作业均来自课程思政示范课程"全球公共艺术设计前沿（翻转）"一年级同学的作业，在参赛前根据不同主题组织的跨学科嘉宾评图也起到了重要作用（图9-1）。

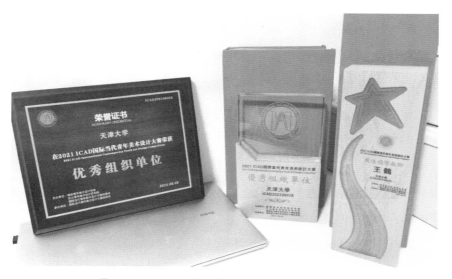

图9-1 ICAD国际当代青年美术设计大赛获奖证书等

一、备赛情况

"全球公共艺术设计前沿"的最大特点就是利用翻转课堂，借助mooc+见面课的形式，提升同学们的课程思政建设素养。见面课可以结合每年国家需求、政策、最新的社会实践发展、趋势和学科前沿变化，安排不同的设计训练。2020年秋季到2021年春季，课程开设碳中和视野下的能源自给植物仿生公

图9-2 作者获亚太地区"最佳指导教师"称号

共艺术设计训练、乡村振兴视野下的原生态与科技公共艺术设计训练、循环经济下的物品再利用公共艺术以及生态文明下动物形象设计创新等十大主题，开展本年度设计训练，实现干中学、学中干，并且安排同学们的训练成果参加竞赛获奖，在专业技能提升的同时培养情操和涤荡情怀（图9-2）。

课程期中作业以建党百年红色主题公共艺术设计训练、抗击疫情及后疫情时代公共艺术设计训练、中国传统文化公共艺术设计主题和生态公共艺术主题为主。主讲教师线上线下点评，针对作业的修改意见达3万余字，并聘请来自院内建筑历史、校内智能医学和马克思主义学院、校外一线设计师为评图专家，以增加评图在跨学科视野下的广度，并突出理论与实践结合，以此提高质量，提高获奖概率。

期中评图嘉宾介绍：（表9-1）

杨菁，博士，天津大学建筑学院副教授，博士生导师，建筑历史与理论研究所副所长，研究方向：明清皇家建筑与园林。	司霄鹏，博士，天津大学智能医学部副教授，天津大学-北洋学者，研究方向：脑科学与神经工程。	栾淳钰，博士，天津大学马克思主义学院讲师，研究方向：传统文化现代化、思想政治教育理论与实践。	李靖源，园林绿化高级工程师，凯盛上景（北京）景观规划设计有限公司前期四室室主任。主持大型项目十余项。

表9-1 期中评图嘉宾

二、参赛作品点评

ICAD国际当代青年美术设计大赛是2021年第一次举办的面向全亚太地区的设计比赛，获奖队伍遍布全亚洲多所大学。学生与专业设计师在同一赛道，富有挑战度。本着课程思政体系化方法中利用社会激励机制提升学习者收获感的原则，课程报送12份作业参加2021 ICAD国际当代青年美术设计大赛，第一赛季克服一年级同学开始专业学习不久，经验不足，期中作业工作量小等制约，10位参赛同学获一银，四铜，三优秀，二入围的良好成绩，充分展现课程思政教学改革的成果。获奖名单为钟翊嘉《超时空拥抱》银奖；吕传薇《瓦·境》铜奖；詹泞伊《浪潮》铜奖；曾子凡《百年印记 镌刻大地》铜奖；刘思源《红日山水》铜奖；杨越琳《Lily》优秀奖；相晓雯《铁画银钩》优秀奖；罗新程《融化的雪屋》优秀奖；马智博《画中游》入围奖；段泓宇《战疫》入围奖，另有陈子衿和潘追追两位同学未能提交成功，错失参赛机会，在此一并展示。

1. 钟翊嘉《超时空拥抱》

指导教师：王鹤

疫情防控方向：ICAD 银奖

嘉宾司霄鹏点评：可以进一步结合虚拟现实等人机交互技术，增强互动的沉浸感，特别是可以考虑加入情感交互元素，使交互更多体现人文关怀，满足疫情期间人的情感交流需求。

主讲教师指导意见：方案响应了疫情期间人与人交流减少这样的实际需求，但应突出适用于疫情依然较为严重的国家。作品运用了镜面反射以及互动技术等公共艺术设计要素，有一定技术含量。5G能够带来更大的带宽，可以支持很多实时的远程操纵与互动，这一特点应该显现出来。方案本身的造型逻辑还有进一步推敲和优化的可能。方案应该对可维护性，以避免被人占用和丢弃杂物都作出制度性的安排。图纸表达整体较为理想，各方面要素比较齐全（图9-3）。

图9-3 《超时空拥抱》

2. 吕传薇《瓦·境》

指导教师：王鹤

传统文化方向：ICAD 铜奖

嘉宾杨菁点评：该方案以中国传统建筑构件"瓦当"为原型，结合具体使用功能抽象化、符号化发展而来。整体平面布局体现了"均衡自然又各自富于变化"的传统文化内涵。并且考虑到不同位置、角度观众的观景体验，在立面上做出相应的变化设计。但整体设计深度不够，图纸中没有完全表达出设计说明中的构想，建议绘制相应的效果图或分析图辅助表达，精炼文字说明。

指导教师修改意见：该方案在中国传统文化与天津地域文化之间取得了较好的平衡，能够从天津博物馆馆藏镇馆之宝当中寻求灵感，并不断简化，思考较为深入。完成的公共艺术作品容易建造，落地性较好。能够使用生态材料比较容易维护，甚至可以较快地拆解并运输到其他方向。人体尺度较为合理。但如果考虑作为室外展板，应当具备防雨等其他功能。图纸应该对具体的尺寸有清晰的阐述。排版有较大的深化程度，建议更为紧凑，更注重边缘对齐（图9-4、图9-5）。

图9-4 《瓦·境》初稿

图9-5 《瓦·境》修改稿

3. 詹泞伊《浪潮》

指导教师：王鹤

传统文化方向：ICAD铜奖

嘉宾杨菁点评：该方案将从古至今我国文化发展程度的变化抽象为起伏的波浪形状，表达寓意的同时又兼顾动感和美感，材料选择竹筒，丝帛和纸张等中国传统材料，也加强了整个设计的统一性，比较恰当地表达了中国特色。但整个设计基本是沿着时间轴线的单一线性排布，然而历史中，同一时期的文化亦有不同流派，是否考虑选择代表性案例做支线表达，并体现在空间围合上，增强围合感和空间的变化对比。

指导教师修改意见：该方案从中国传统文化入手，抓住不同书写方式背后的文化内涵，有一定思考深度，将其转化为公共空间中遮阳休息的景观设施也比较合理。总体工作量较为充分，尺度做到形式较为丰富、优美。不足之处在于，形式生成的分析过于简单。丝与纸之间的区别阐述得不清晰。最主要的问题是，作品整体对于落地性考虑较少。其实，此类作品用自重轻的铝合金材料进行制作，是比较合理的选择。建议增加对材料、工艺、可维护性、安全性方面的说明（图9-6）。

4. 曾子凡《百年印记　镌刻大地》

指导教师：王鹤

红色百年方向：ICAD铜奖

嘉宾栾淳钰点评：作品将建党百年这一元素镌刻大地，似乎在表达中国共产党领导的革命、建设、改革伟大实践是一个理论联系实际、接续奋斗的历史过程。作品中人们的言行举止流露出惬意的氛围，似乎象征着今天的美好生活。作品也展现了学子的现实关怀和问题意识。

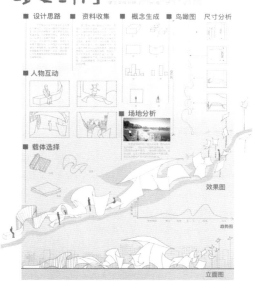

图9-6 《浪潮》

指导教师修改意见：该方案选择建党百年的形式和主题值得鼓励，形式和选址上经过多次修改，越来越理想和客观。制作工艺容易实现，与环境容易结合，并能够提供休息和游玩的相应功能。不足之处在于如何进一步突出"100"的元素。目前在效果图上仍不够清晰。"两个100"年是否可以更好地用图示语言来加以表示，比如说两条飘带的尺度变化，垂直高差的变化，都有进一步考虑的空间。可以考虑通过少量二维人物和符号剪影形式，或文字来进一步彰显自身的主题。目前单纯依靠构成形式表达如此深刻的主题，还有不足之处，在今后有较大的发展潜力（图9-7）。

图9-7 《百年印记　镌刻大地》

图9-8 《红日山水》

5. 刘思源《红日山水》

指导教师：王鹤

红色百年方向：ICAD铜奖

嘉宾栾淳钰点评：作品直观可见灰色和红色两种色调，似乎在诉说着100年对中国共产党而言，是改变近代中华民族苦难命运并走向辉煌的100年。一丝"红日"，或许既象征着当年的"星星之火可以燎原"，又预示着"人民对美好生活的向往"。作品也展现了学子的忧患意识和担当精神。

指导教师修改意见：方案呼应了建党百年的主题，并选取类似于国画山水的场景进行营造。实现建党百年、世界和平和传统文化三大主题的结合，主题意义比较显著。作品将装置艺术与环境艺术结合起来布置，也体现了一定的跨界特色，有形式灵感、来源生成，有流线分析，有使用的材料的分析，细节比较充分。使用手工模型的方式基本达到了扬长避短，能够全面展现自己的设计意图，很好地发挥了这种表现方式的优势。模型本身中，太阳的细节还有待提高。现在只能说具有一定概念性的模型。具体来看，方案如果进一步深化，对细节进行更详尽的诠释，进一步完善视觉效果表现，有较大发展潜力。图纸细节在边缘对齐等方面还有较高提高空间（图9-8）。

6. 杨越琳 *Lily*

指导教师：王鹤

生态方向：ICAD优秀奖

嘉宾李靖源点评：取自于百合花的优美形态构思使该公共艺术品不仅具有较高的美学价值，还具有生态层面的社会引导价值。如果从落地实操角度考虑有几个问题需要注意：①复杂的曲线形态必然会带来施工的极大挑战及成本的巨额投入，如果需要批量生产是有一定难度的，如果作为重要城市节点的地标景观，那么该艺术设施的尺度就有点小了；②座椅设计更像是度假感的躺椅形态，作为城市服务的便利休憩设施其形态对于尤其老年人来讲，起坐都是困难的；③因座椅为浴盆形，所以雨后排水问题需要注意；④曲面材料要想好，尤其作为公共设施，维护及耐久性需要考虑。

指导教师修改意见：方案本身为比较典型的植物仿生公共艺术作品，充分将百合花的形态进行抽象化，并且与多样化的使用功能有机结合起来，尺度得当。周边环境容易融合。也便于采用注塑和3D打印等工艺来加工和循环回收的材料，并保证其坚固性。方案本身还具有一定的可复制性，并可以根据环境和其他的要求进行大小、繁简的可扩展性，充分体现了课程对于生态公共艺术设计的各方面原理和具体指导意见。图纸表达采用了当前较为少见的全手绘，更值得鼓励（图9-9）。

7. 相晓雯《铁画银钩》

指导教师： 王鹤

传统文化方向： ICAD优秀奖

嘉宾杨菁点评： 该方案以中国汉字的笔画或偏旁部首作为基本元素进行设计，应对于现代人"提笔忘字"的常态，同时又通过书法中笔画的"提、按、顿、挫、疾、徐、迅、缓"等书写手法展现了其所蕴含的"刚柔相济"的传统文化内涵。不足之处在于细节的处理，首先，许多笔画或偏旁部首的形状具有尖角，如

图9-9　*Lily*

该方案中的"横折提"中"提"的尖角对于青少年在公共空间中活动来说比较危险，如何保证安全性？其次，方案中的元素均为笔画或偏旁部首，较难表达意蕴，单纯的笔画，难于理解，建议在笔画装置的表面刻印笔画或偏旁部首的解释，或古诗词，或成语等内容，表达传统文化的同时，也可以增加材料的纹理感和公众与装置的互动性。

指导教师修改意见： 方案本身以中国传统的汉字作为主要形式元素，表达了文化传承的主题，并响应当今提笔忘字的社会现象。总体主题意义较为突出。形式美感上，不同元素之间的穿插，衔接尺度较为合理。形式美感较为理想。不足之处在于没有说明所使用的汉字与笔画的文化意义，而仅仅是将其作为一种元素符号，这样文化内涵不够深入。可以进一步交代使用的材料，如使用生态环境材料便于降解，甚至可能自重较轻，能够搬移到不同的环境进行布置，从而进一步提升使用效率。总体图纸表达在色彩效果图角度、细节阐述上都比较理想。原名《中国汉字》技术含量与文化内涵不足，建议使用谐音、成语等，改进后有所提高（图9-10、图9-11）。

图9-10 《铁画银钩》初稿

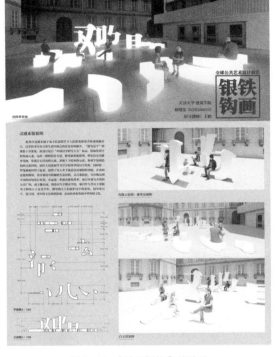

图9-11 《铁画银钩》修改稿

8. 罗新程《融化的雪屋》

指导教师： 王鹤

生态方向： ICAD优秀奖

嘉宾李靖源点评： 融化的雪屋概念非常巧妙，虽以全球变暖的警示意义为构思先导，但其圆形的母题形态及其巧妙的变化重复使空间亲切、丰富、有趣、又具有鲜明的识别感。入口边角的锐角部分注意要做倒角的细节处理，避免伤人。此外雪屋内如果能增加有些互动性的设计就更为完美了，这是一个比较成熟的设计。

指导教师修改意见： 一般来看，表达警示主题这类较为悲壮的公共艺术，很难与普遍的游乐、嬉戏、欢快场地氛围相结合。此件作品形式选择合理，与环境结合紧密，功能丰富。当然，还需要注重材料或工艺的合理选择，以保证安全性、建造性、落地性以及可维护性。修改过程中，主题由警醒全球变暖，转为积极的主题，与在北京举行的冬奥会结合起来。在中国发展冰雪运动，促进冰雪文化。并逐渐修改为更为积极的主题图纸表达，色调较为淡雅，与竞赛要求较为接近，有较大发展空间与潜力（图9-12）。

9. 马智博《画中游》

指导教师： 王鹤

抗击疫情方向： ICAD入围奖

指导教师修改意见： 思路很好，将中国传统经典绘画利用现代技术手段加以转换，提升其保护的程度，并与现代文创、旅游等有所结合，是非常好的主题与正确的发展路径。与《千里江山图》的转换，从总体形式上看，还比较神似。但是对于更高级的要求来说，在转换的具体逻辑，转换的具体长度，具体位置上还有很大深化的空间。可以增加其功能，增加其内发光，增加其生态属性，如是否能够对周边的声音做出反馈等。图纸表达，整体色调淡雅。效果图当中使用古装人物是一个创新，但效果还有待验证，其他细节也较为丰富，整体排版效果基本理想（图9-13）。

10. 陈子衿《与你同行》

指导教师： 王鹤

抗击疫情方向（未参赛）

嘉宾司霄鹏点评： 可以进一步结合智能人机交互技术，例如采用计算机情绪识别，脑电情绪识别等手段，提升交互的情感体验，进一步满足疫情期间人的情感交流需求。

指导教师修改意见： 此方案抓住了疫情期间人与人交流减少这样一个实际需求。通过像素化处理，借助互动技术，使人们的行进有仪式感，并有温情，这是很好的出发点。LED屏幕、太阳能发电现在也都是较为成熟的技术。如何捕捉人物还需要摄像头或其他的互动技术。方案的改进之处，一个是更好地阐述材料、工艺和建造逻辑，甚至是一定程度上节点的设计是否便于拆装？是否不易燃？在机场这样重要的公共环境，这都是很现实的问题。实际上，作品本身还可以增加更多的实用功能，比如可以和现在测量温度的现实需求结合起来，大多

图9-12 《融化的雪屋》

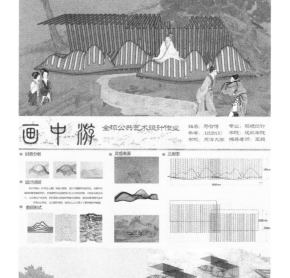

图9-13 《画中游》

图9-14 《与你同行》

数的旅客在进入机场等重要公共空间内都要经过一段测温的帐篷。如果能够用这样丰富的形式进行艺术化的处理，使人们对这一过程不再具有恐惧应该是发展的方向。排版上基本达到训练要求，但有较大提升空间，文字过于集中，效果图角度有待商榷，文字和图示语言应该更为紧凑（图9-14）。

11. 潘追追《最后的一张抽纸》

指导教师：王鹤

生态方向（未参赛）

嘉宾李靖源点评：座椅的构思非常巧妙，其直观的形态使其教育内涵一目了然，艺术性也具备相当水准；但作为一个休憩设施人体工学的合理度考虑还比较欠缺，材料过于追求"纸"这个概念的轻薄感表达，在荷载受力方面的考虑还不成熟，应加强以上两点的考虑处理。

指导教师修改意见：方案整体深入程度较高。通过具有高度象征性的形式语言探索了对生态保护的重视。起到了充分的警醒作用。自身也具有一定清洁能源发电方式。方案最优秀和突出之处在于对灵感本身进行了手工概念、3D模拟和二维图三种阐述方式，图示语言清晰，步骤明确，有助于评委迅速把握其核心概念。理解其整体与环境的关系，值得所有同学学习。图纸表达色彩也比较淡雅，层次逻辑关系清晰。相对不足之处在于，主题灵感没有将纸张的使用与森林等不可再生资源的消耗直观地联系起来，说服力有待提高。在图纸的表达上还是要有整体性的效果图，能够更直观、更富有视觉冲击力，与逻辑阐述的内容相辅相成，能够更好地达到自己的设计目的，发展空间较大（图9-15、图9-16）。

图9-15 《最后的一张抽纸》1

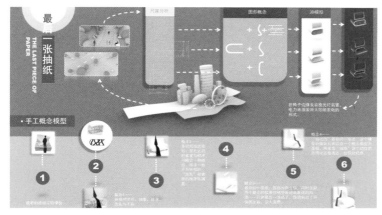

图9-16 《最后的一张抽纸》2

第二节
"知行计划"三棵树环保创意大赛参赛情况

2021 年，为贯彻"碳达峰、碳中和"及"十四五"规划，响应团中央"美丽中国·青春行动"号召，三棵树大学生环保创意设计大赛支持 50+ 高校 100 支大学生团队，运用社会创新思维提报"回收利用"主题相关的环保创意产品设计方案，展开涂料桶的低碳环保创意设想、设计制作可在办公及生活环境中灵活运用的环保文创产品，将绿色低碳理念融入日常。同时，为迎接冬奥会的到来，赛事还将围绕"可持续·向未来"北京冬奥会可持续性愿景，支持大学生团队进行"中国时刻·一起出色"冬奥主题创意环保布袋设计，并开展形式多样的低碳绿色行动及传播活动，以青年智慧和青年力量，响应绿色冬奥理念，践行低碳生活方式。

一、备赛情况

针对中国大学生"知行计划"第二届三棵树大学生环保创意大赛的要求，天津大学 6 名 2019 级建筑学院热爱环保的同学组成"筑梦绿创"团队。作为

第九章 课程思政教学的"赛教融合"

193

一支集商业性与公益性为一体的大学生创业团队，团队一直秉承"设计筑梦，绿色创新"的理念为绿色环保赋能，开展"美丽中国、绿色发展"专项实践。团队由笔者带队，成员均屡次获奖，发扬天大百年传承与学科优势，直面循环利用等社会痛点，瞄准冬奥建设等国家所需，以人为化碧，忠心不泯之精神，扎根基层调研国情，挥汗实践赋能环保，成果累累，频见报章，并已转化促进就业发展，意酬新青年之志，以尽主人翁之责（图9-17、图9-18）。

图9-17　筑梦绿创团队参赛海报

图9-18　团队参赛文创设计

1. 科学调研，直击痛点

习近平总书记强调"绿水青山就是金山银山"，2021年两会期间提出了"碳达峰""碳中和"等重要方针。团队也看到这样的政策对于生态恢复和环境保护的重要性，开始进行深入调研。

团队关注可持续冬奥、碳达峰、碳中和、海绵城市、生态小区等热点问题和绿色发展需求，遵守疫情防控要求，在各自家乡周边开展调研。通过文献查阅、实地调研、问卷调查等方法探究政策实施现状与公众认知现状，理论与实践相结合，态度严谨，方法科学。

经调研，当前公众环保知识的盲点在于：缺乏让公众容易接受的环保理念教育手段，环保调研成果难以与实际需求对接并产生效益，环保思想传播范围小、力度弱、途径老。团队从环保设计切入，通过通俗的卡通形象和强烈的视觉传达，将环保知识与手工小课堂，线上宣传课程结合，让绿色环保的理念以更平易近人的姿态在大众中传播。

2. 设计赋能，进击文创

直面问题，实干兴邦。团队成员不仅对相关政策提出建议和思考，同时形成体系完善的解决方案"叁林化碧"体系，从环保理念、绿色冬奥精神、《道德经》思想等角度提出有中国特色的解决方案，汲取传统文化营养，知识产权登录，形成团队筑梦绿创环保品牌（图9-19、图9-20）。

团队以实际行动、专业技能和中国文化智慧助力家乡生态文明建设，向公众传播环保理念。团队通过海报、文创产品及城市公共艺术的创新设计向不同特点、不同年龄段的公众传递环保理念，兼顾产品经济价值与社会价值，以设计为环保赋能。产生实践队 Logo 与多幅概念海报形成公共艺术、文创在内的"叁林化碧"体系，并已与文创企业开展合作，进行设计成果转化。

团队通过调研塞罕坝防护林、三北防护林等国家工程，选取了6个防护林树种，设计制作了6个可爱有趣的防护林卡通形象。希望通过这样的方式，让更多的人能够认识到防护林以及它们在环境保护方面的作用与价值。团队将卡通形象开发为一系列文创产品，深受大众喜爱。此外，为契合当今盲盒

图9-19 团队生态宣讲视频截图

图9-20　团队生态宣讲海报

市场的潮流文化，团队还考虑将卡通IP形象以盲盒的形式制作文创品，对标"泡泡玛特"等盲盒品牌，用有趣与"萌"去收获年轻人的喜爱，也填补国潮品牌在防护林IP形象设计的空缺（图9-21、图9-22）。

3. 引领教育，广为传播

改变思想，始于教育。团队与天津出版社集团合作，举办了系列环保知识讲座。结合团队设计的防护林IP形象设计，以及对环保热点问题和绿色发展需求的科学调研，我们精心设计了许多节"防护林——勇敢的森林卫士""森森不言"等线上、线下课程。生动的课程让环保成为有趣的知识，让中国为环保事业做出的努力让更多人了解，成为中国人文化自信新的组成部分。

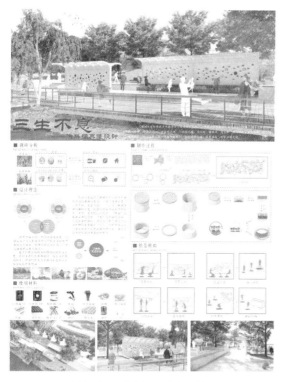
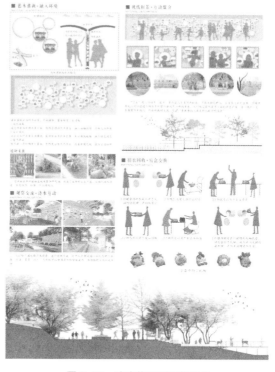

图9-21　废弃物再利用作品1　　　　　图9-22　废弃物再利用作品2

观念传播，宜新宜广。团队从新媒体入手，创建公众号、微博"筑梦绿创"，发布文章三十余篇，并制作视频通过 Bilibili 网站、腾讯等媒体扩大影响力，打造筑梦绿创品牌形象，受到天津大学、天津大学团委、天津大学社团团委、大学生知行计划等官方媒体的报道与广泛转发，线上累计阅读量达46316人次。

4. 备战路演，勇夺金奖

团队在指导老师指导下，贴合国家需求，在近一年时间里深入基层，从生态文明等方向深入调研国情，积累海量数据，引领实践直达社会痛点。最终形成由"三"生发，打通传统与现代，聚焦平面的"叁源不绝"、聚焦产品的"叁林不言"、聚焦环境的"三生万物"浑然一体，环环相扣的"叁林化碧"低碳解决体系化方案，紧贴企业需求，体系完整，以有限投入，实现可观产出，具有无限潜能。获得三棵树企业高度关注，众多单项作品已注册版权并酝酿市场开发。2022年3月3日，第二届"美丽中国·青春行动"三棵树大学生环保创意大赛终极PK赛暨颁奖典礼，在三棵树总部圆满举行。由于疫情防控因素，10支入围终极PK赛的大学生团队在线上进行作品展示及答辩，现场高潮迭起、精彩不断，最终由笔者带队的天津大学"筑梦绿创"团队及另两支兄弟院校团队斩获金奖，创下天津大学在此项赛事的最好成绩。"筑梦绿创"团队还获得全场最佳视频奖，笔者带队的另一支小队——"苏铁红豆杉"队获得全国铜奖。

二、参赛作品点评

指导教师评价：

"筑梦绿创"是一支成员各具特色、团队配合紧密、扎根基层，求上进、勇于实践、勇于探索、充满朝气的队伍。全体同学响应党中央、团中央的号召，积极投身知行计划的实践活动。根据生态文明建设的需求，在冬奥会举办的大背景下，积极利用回收材料进行富于创意的艺术实践，充分发挥自身所学，成稿达到相当的艺术水准，落地性与可实施性显著。在此过程中，团队深化了对于中央政策的理解，提升了自身的专业技能，将自己的努力，与中华民族伟大复兴的历程融合在一起。我为能够担任这样一支实践队的指导教师感到自豪。祝他们在今后的学习工作中取得更大成绩。

团队参赛感言：

"筑梦绿创"团队秉承天津大学"实事求是"的校训，肩负"兴学强国"的使命，学习森林团结一心、追求卓越、敬畏自然的精神品质。人为化碧，精诚所至，忠心不泯，以热忱之心和青春力量致力于生态文明建设和环境保护，向公众传递低碳环保的生活理念。让绿色成为发展底色，共同维护绿水青山，共同建设美丽中国，这是当代大学生的责任和担当，也是我们为之奋斗的目标！和"筑梦绿创"一起开启绿色环保之旅，和我们一起创意出色！

第三节
"设计再造"绿色生活艺术创意展参赛

2020年是中国建筑学会主办"设计再造"绿色生活艺术创意展的第十届。什么是"设计再造"？按照组委会的介绍，是将生活中旧的或废弃的材料或物品作为原料，进行再设计，做成一件生活中实用或有观赏价值的物品。"设计再造"创意展，是一次创意动员，一次设计体验，一项公益推广，是一次低碳行动，一种生活方式的倡导。参赛作品从3个方面来综合考量：

创意理念：首先强调准确地把握和反映本次活动的主题；其次作品具有原创性。

艺术表现：作品的视觉效果具有极强的艺术表现力和感染力；作品表现手法不落俗套。

实用价值：作品具有可推广性；有一定的低碳与节能减排效果。

自2020年2月正式启动至6月底结束，共收到参展作品700件，来源于各地高等院校和设计公司。中国建筑学会室内设计分会通过组织专家，从创意理念、艺术表现、实用价值等多方面对参展作品进行总结，最终确定入展作品119件，其中教育部课程思政示范课"全球公共艺术设计前沿（翻转）"共组织10份同学期末作业参赛，并取得3项入选的优异成绩（图9-23、图9-24）。

图9-23 "设计再造"竞赛海报

图9-24 "设计再造"第十届入选作品展览现场

一、备赛情况

指导教师赛前分析：对竞赛要求与特点进行分析是提升训练效果的重要因素。经分析，该竞赛完全基于手工模型，这在所有竞赛当中是较为少见的。最后的成品不一定是大比例的。在较小尺度，也可以实现自身的创意和主张。最为看重对原有废弃物品再利用的巧妙性，我们可以结合我们自身专业的特点，将作品与环境进行紧密地结合。

在课程中，通过对往届获奖作品进行案例分析，列出3个主要方向：环境设计、建筑专业方向为主的公共艺术、装置类；工业设计方向为主的家具和陈设类；以及美术学背景下的雕塑类。并开展了共享单车等专题创作训练（图9-25、图9-26）。

图9-25 "设计再造"第十届
入选作品，专业工作室作品

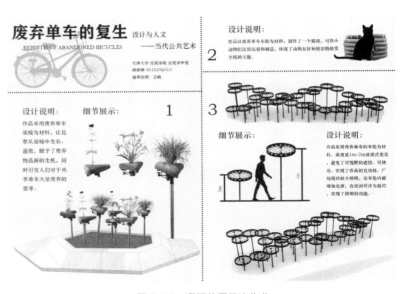

图9-26 课程往届代表作业
《废弃单车的复生》

二、参赛作品点评

在此次大赛中，"全球公共艺术设计前沿（翻转）"共推荐9份作品参赛，其中《逢灯》《冰荷幻影》《石渠残忆》3份作品入展，等同于获奖。在总体一百余份入展作品中，总数已经十分理想。总体来看，由于准备充分，此次参赛充分达到训练目标以下列举8份参赛作品点评。

1.《逢灯》

作者：荣向欣　杨心悦　吴磊

指导教师：王鹤

指导教师点评：作品主题贴近中国传统文化。从3个方面入手，充分运用可回收材料，相互之间有所结合，并与文学等领域有所交叉。总体视觉效果和设计思路较为朴素简约。在形式上巧妙运用二维剪影与光影的结合，符合剪影公共艺术需集中使用以增加工作量，并充分发挥其视觉直观、简洁、易于表达的特点。通过增加数量（1~3组），提升了对空间环境的统摄力。从手工训练的角度看，整体训练过程清晰。图纸排版经过修改，进一步提升效果，充分锻炼手眼协同、劳动与协作的多样性课程训练目标。在图纸表达上，注重了视觉冲击力，内容较为完整，但组织上还是缺少较为严密的逻辑，经过一次修改有所提升，但依然相对松散，有较大可提升空间（图9-27、图9-28）。

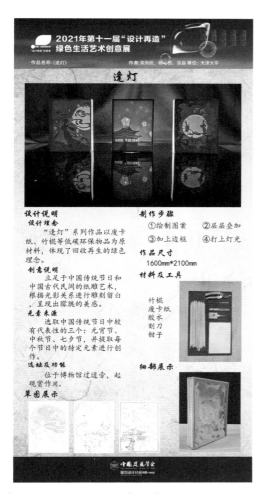

图9-27 《逢灯》初稿

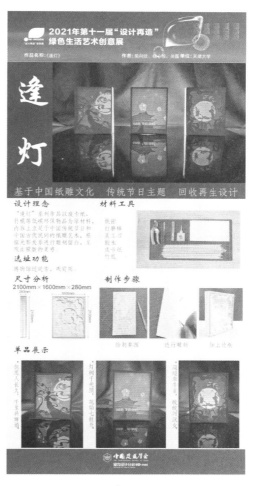

图9-28 《逢灯》修改稿

2.《冰荷幻影》

作者：刘思源

指导教师：王鹤

指导教师点评：方案形成过程很有趣味，本来是与后面要介绍的另一件作品《结塑凝冰》搭配，在过程中逐渐摸索出了不同的形式逻辑，不再符合一件作品主次分明的基本训练目标，于是在指导教师安排下分开推进，反而取得了更好的效果。由此可见，在训练中固然应当按照任务书和初始任务布置完成，但也不必拘泥于形式，可以随机应变。在主题意义上，相对来说较为注重自然，注重环保，与宏大的主题和叙事相比，更偏重个体内心感受。作品注重形式美感，特别的画面氛围是方案主体特色。借助花作为植物仿生美感以及一定的模式化手段，并注重整体色彩统一都是作品入选的主要因素之一。在环境与功能上，作品注重休息与简单的活动。作为小比例作品，作者还尽可能地予以展示，可见，在大尺度的实际作品当中，应当可以实现更为丰富的功能。在材料和工艺上，作品材料全部来自于废弃材料，符合竞赛要求。图纸表达是比较典型的网格化排版，色调统一，边缘注重对齐，主次关系分明，字体、字号都处理得较为熟练（图9-29、图9-30）。

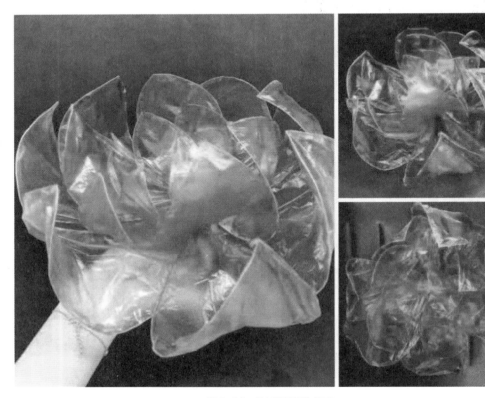

图9-29 《冰荷幻影》细节

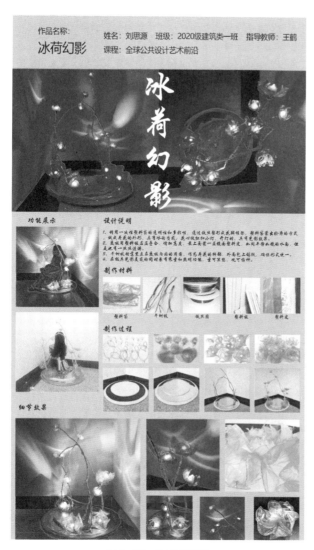

图9-30 《冰荷幻影》

3.《石渠残忆》

作者： 吕佶薇　陈萌

指导教师： 王鹤

指导教师点评： 从过程来看，作者在如何针对框架化处理来提升图纸表达效果，并便于观众评委理解方面一直在进行不断的探索，效果全面且不断深入。从主题意义上来说，立足建筑学领域现有知识，注重文化传承。以生态可重复利用的材料为主，以全新的语言形式诠释圆明园大水法等重要建筑遗迹，牢记国耻，育人效果显著。在形式上，充分运用了典型的剪影负形与现成品框架化手法的搭配手法，成功用尽可能少的材料实现了视线的通透和显著的实际功能。在方法和形式运用上，很贴切地表达了主题的意义。环境与功能方面，作品与环境，尤其是特定环境的结合是方案的一大特色。由于减少了材料的使用，降低了建造难度，因此成本必然较低。在具体布置上需要避免干扰交通流线，在材料和工艺上功能较为专一，如能进一步开发新功能，会达到更为理想的效果。当然，由于作品使用的金属材料，在落成后还要注意防锈结构强度。与地面的接触面显然需要增大，要充分考虑作品的基础（图9-31、图9-32）。

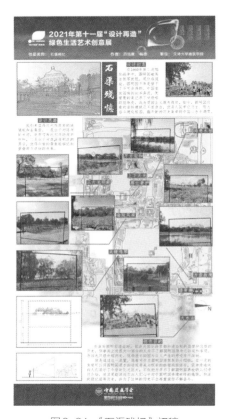

图9-31 《石渠残忆》初稿

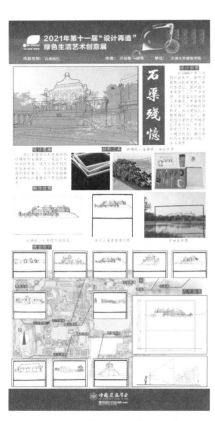

图9-32 《石渠残忆》修改稿

4.《结塑凝冰》

作者： 孙佳雨　王佳琪

指导教师： 王鹤

指导教师点评： 在过程上，该作品辅导过程清晰，经历了与《冰荷幻影》拆组的过程，充分实现训练效果。在废弃材料使用和与冰山形象贴合这一点来看，主题意义较为显著，充分反映出作者希望表达的警惕全球变暖的意义。从主题意义的深度来说，甚至超过部分入选获奖作品。作品功能也较为丰富、多样化和合理性。未能入选的原因推测可能有材料选用不够合理，其强度和工艺只能适用于小比例模型，而非足尺作品；插接工艺导致节点强度不高，使作品落地性不理想；加之色彩相对单一，图纸画面效果、冲击力与感染力不够强等（图9-33、图9-34）。

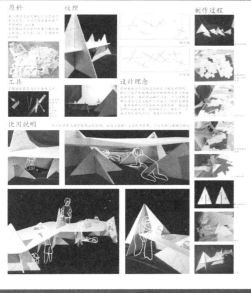

图9-33 《结塑凝冰》　　　　　　　　　　　图9-34 《结塑凝冰》制作过程

5.《本宝宝福禄双全》

作者：段泓宇　葛晨曦

指导教师：王鹤

指导教师点评：该方案别出心裁地选用以分子结构式的视觉化为主要表现手段，有很好的主题属性，充分利用了谐音效果，也与社会热点和年轻人关注的话题有较大紧密联系。从目前情况看，未能入选的原因与前面几件作品有较多相似性，即小尺度比例模型的落成性和落地性不够理想。换句话说，即用设定的材料与工艺难以完成落地，参赛需要在真实环境中可以落成并发挥预期实际功能的作品。今后将在教学和训练中着重加强这一方面，以保证同学们能够加大作品尺度，尽可能贴近真实尺度和真实环境中的功能。当然

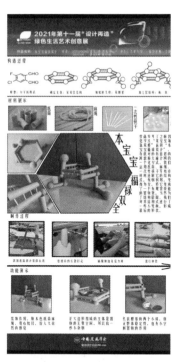

图9-35 《本宝宝福禄双全》

还需要看到另外一点，作品的名字固然有趣，贴合年轻人，但显然还是过于通俗，形式和色彩上也有诸多可完善之处（图9-35）。

6.《环 欢 还》

作者：库怡米　周雪晴　曾令萱

指导教师：王鹤

指导教师点评：方案在辅导中经历了主题不断凝练、集中、聚焦的过程。作者在修改过程中，听从指导教师建议，运用了3个二级概念，加以谐音、并列的主标题手法，对光盘这一常见且普遍的废弃材料的使用也充分合乎要求，贴合社会实际。画面要素多样，效果优美，有意境。未入选原因推测为信息传达不够清晰，主效果图与局部效果对光盘与主体结构的连接产生不够清晰，包括角度调整、节点表达等都有可以进一步提升的空间（图9-36、图9-37）。

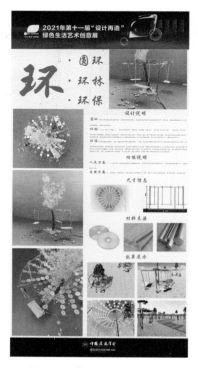

图9-36 《环 欢 还》初稿　　　图9-37 《环 欢 还》修改稿

7.《春烟》

作者： 张颖昕　孙淑彤

指导教师： 王鹤

指导教师点评： 废弃毛线与纸板综合使用，形成《千里江山图》的形式是作品的主要表达手段，画面优美，富于意境，在细节处理和平面图、立面图等细节上都十分完整，这都是在形式上超越其他作品的优势。但不足显然在于手工模型与足尺作品之间的距离，仅有优美的意境不足以让评委了解作品落成于真实环境中的可行性与效果。所以，参加设计再造竞赛的关键还在于悟透竞赛要求，需要对往届作品有更深入的理解和把握（图9-38）。

8.《红色印记 稻火》

作者： 高梓萌　葛一骁

指导教师： 王鹤

指导教师点评： 该方案在前面章节介绍过，作品主题意义十分突出，以袁隆平院士的贡献为主，以中国人民耳熟能详的"禾下乘凉梦"为主要切入点。在这里不介绍作品本身，仅就未能获奖的原因开展复盘。应该在于作品形式略微简单，与环境关系结合不够紧密，对环境介绍较少，尤其是模型材料、工艺和真实模型材料之间的差距过大，实际材料工艺设定不合理，落地性不够理想。反映在设计过程中还是相对简单，工作量投入不足，这都是在今后需要进一步提升的空间（图9-39）。

图9-38 《春烟》

图9-39 《红色印记 稻火》

　　总结：通过对上述8件作品（3件入选，5件未入选）的点评分析可见，基于设计再造比赛开展的训练，在当前国家鼓励碳达峰、碳中和和节约社会建设的大背景下，很有实践意义。总体上集中训练了低年级学生对材料性质的掌握与动手能力的培养。经过训练，同学们对尺度、结构、强度、工艺等都有了充分的认识，并在实践中认识到自身的不足。需要看到，低年级的同学对落地性、可实施性认识不足，是可以结合培养方案及其他课程在今后的训练中进一步提高的。如何加大对优秀案例的学习，注重对废弃材料现有形态的把握，也是在此次竞赛当中得出的宝贵经验，是今后在课程思政示范课训练在加强育人效果同时进一步提升获奖几率的有力保证。

参考文献

［1］王强. 略论公共艺术教学的价值观［J］. 雕塑，2006（3）：38.

［2］H·H·阿纳森，西方现代艺术史［M］. 邹德侬，巴竹师，刘廷，译. 天津：天津人民美术出版社，1986.

［3］樋口正一郎. 世界城市环境雕塑·美国卷［M］. 李东，译. 北京：中国建筑工业出版社，1997.

［4］田云庆. 室外环境设计基础［M］. 上海：上海人民美术出版社，2007.

［5］阿诺德·豪泽尔. 艺术社会学［M］. 居延安，编译. 上海：学林出版社，1987.

［6］凌敏. 透视当今美国公共艺术的五大特点［J］. 装饰，2013（9）：27-31.

［7］刘中华等，"跨领域"的公共艺术——汪大伟教授访谈录［J］. 创意设计源，2016（2）：4-9.

［8］刘成纪. 美的悖论与公共艺术的审美质量——现代城市公共艺术中美的位置系列谈之二［N］. 中国文化报，2011-04-18（008）.

［9］彭修银，张子程. 人类命运的终极关怀——论当代马克思主义生态美学建构的人文学意义［J］. 江汉论坛，2008（5）：96-100.

［10］彭修银，侯平川. 马克思主义生态美学建构中的中国传统文化资源［J］. 中南民族大学学报（人文社会科学版），2010，30（6）：127-131.

［11］竹田直树，世界城市环境雕塑·日本卷［M］. 高履泰，译. 北京：中国建筑工业出版社，1997.

［12］孙振华. 公共艺术时代［M］. 南京：江苏美术出版社，2003.

［13］鲁道夫·阿恩海姆. 艺术与视知觉［M］. 滕守尧，译. 成都：四川人民出版社，1998：183.

［14］李娟. 数字媒体时代广告创意与公共艺术的交叉融合［J］. 广州大学学报（社会科学版），2014，13（8）：71-75.

［15］陈绳正. 城市雕塑艺术［M］. 辽宁：辽宁美术出版社，1998.

［16］吴良镛. 人居环境科学发展趋势论［J］. 城市与区域规划研究，2010，3（3）：1-14.

［17］王鹤. 基于中国国情的公共艺术建设及管理策略研究［J］. 理论与现代化，2012（2）：19-22.

［18］王鹤. 街头游击——公共艺术设计专辑［M］. 天津：天津大学出版社，2011.

［19］王鹤. 公共艺术创意设计［M］. 天津：天津大学出版社，2013.

［20］王鹤. 设计与人文——当代公共艺术［M］. 天津：天津大学出版社，2014.

［21］王鹤，闫建斌. 装饰雕塑［M］. 北京：人民邮电出版社，2016.

［22］王鹤. 界缘推移——非艺术专业本科生公共艺术设计50例［M］. 天津大学出版社，2015.

后记

　　2022年1月冬奥会举办前夕，在全国多地抗击新冠病毒疫情的大背景下，笔者提交抗击疫情志愿者申报并等待工作分配期间，这部教材终于完成。教材的策划来自我多年的好朋友，中国纺织出版社有限公司艺术与科学图书分社社长华长印多次真诚的邀约，应该说没有他的慧眼、坚持和反复督促，就不会有这部教材，在此表示感谢。

　　本教材绝大部分的教学内容、训练成果都来自教育部课程思政示范课"全球公共艺术设计前沿"的训练过程。这门课程2018年开设，经历了智慧树、中国大学慕课等平台的线上建设后，被评选为天津大学"课程思政"示范课，进而在天津大学"课程思政"示范课结题中被评为全校第一，由学校推荐参与首批教育部课程思政示范课评选并获批。笔者与团队获评课程思政名师及团队。课程建设取得的成果，离不开从教育部到天津大学对于专业课程育人的高度重视。天津大学教务处李斌处长、刘洁老师在其中都提供了大量宝贵的建议和坚定的支持，在此予以感谢。马克思主义学院的王磊老师、栾淳钰老师也提供了大量专业意见，还有天津大学其他学院热心于课程思政建设的各位老师，在此一并感谢。

　　艺术学科本身就有很好的课程思政建设资源和成果，但是由于多种原因，部分资源还没有被充分发挥出来。本教材内容完全来自实践，包括"抗击疫情"与"建党百年"等训练主题，都源于2021年全国众多领域工作的重心。在以往的资料与教材中，很少有先例可循，因此，在本教材编写中进行了高度创新。大量以"师生对话"呈现的内容实则来自2020年上半年以及以后一段时间内，由于无法开展线下教学，师生完全通过线上沟通交流。这一沟通形式虽然增加了教师的负担，但反而使教学过程得以全部保留下来，今天看来也成为一笔宝贵的资源。同时也要感谢学生们的勤奋不懈，从教材中也可以深刻体会到这一点。相信这门课程能够对全国的年轻人起到振奋作用，能够使他们在今后的专业学习和通识学习中，与祖国、与人民、与时代大潮，同呼吸，共命运，成为祖国复兴大业的栋梁。

本教材的出版还要感谢我的家人，感谢学识渊博、为祖国教育事业奉献一生并用自己的事业追求感染我的父母——雕塑家王家斌教授与服饰文化学家华梅教授。感谢夫人刘一品在自己繁忙紧张的科研教学之外默默承担了诸多家务。感谢两个充满活力的孩子，带给自己永不停歇的动力。

艺术学的课程思政是一项宏伟的事业，时代赋予我们这一代艺术学学者与教师艰巨的使命，希望全国同行和同学们能够为本教材的进一步完善提供宝贵的意见。

王鹤

2022年1月于天津大学